부모가 되는 시간

부모가 되는 시간

김성찬 지음

문학동네

글과 현실 사이에서 육아서 읽기

넷째가 태어난 다음 아내 혼자 네 아이 모두를 데리고 첫 외출을 하는 날이었다. 아내는 지하철로 두 정거장 거리에 있는 친한 언니네 집에 놀러가기로 되어 있었다. 원래는 운전해서 갈 생각이었는데 막내 것으로 사놓은 카시트를 미처 설치하지 못했다는 걸 뒤늦게 깨닫고 콜택시를 불러서 가기로 마음을 돌렸다. 택시가 도착해서 아이들과 함께 차에 타려는데 기사님이 아이들을 흘끗 보고는 놀라며 대뜸 이렇게 물으셨다.

"이 애들 다 탈 거예요?"

아내 역시 잠깐 놀라긴 했지만 그래도 택시 타고 가는 동안에는 기사님의 손주 이야기로 훈훈한 분위기였다고 한다. 하지만 저 질문은 이후로도 꽤 오랫동안 아내의 뇌리에 남게 된다. 네 아이를 데리고 외출할 때 듣게 될 수많은 질문들의 서막이 바로 저 질문이었던 것이다.

"다 이 집 아이는 아니죠?"

이 역시 종종 듣게 되는 질문이다. 질문의 형태는 띄었으되 '설마 아닐 거야'라는 부정의 의미가 강하게 내포된 추측성 발언이다. 상대는 아닐 거라는 기대를 가지고 물어보는 건데 '그렇다'고 말하며 치고나가기가 조금 민망할 때가 있다. 그래도 이젠 당당히 말한다.

"다 이 집 아이 맞는데요."

그러고 나면 또 비슷한 반응들이 이어진다.

"엄마 힘들어서 어떡해요."
"애국자시네요, 애국자."

"그래도 나라에서 혜택은 많이 받으시겠어요."

"아니, 아들도 둘이나 있고 딸도 있는데 왜 또 넷째를 낳으셨어요?"

사람들이 아이를 많이 낳지 않는 건 아이 키우기가 힘들어서다. 육아가 힘든 건 경제적 이유나 들여야 하는 수고 때문만은 아니다. 힘들 때의 나, 불안해하는 나, 있는 그대로의 나를 직면해야 한다는 부담이 만만찮다. 어쩌다 부모가 되긴 했지만 여전히 나는 미성숙한 면, 부족한 면이 많다. 그게 육아의 과정에 고스란히 드러나게 되는 것이다.

아이에게 가르쳐야 할 게 기술이라면, 단계를 나눠 잘 가르치면 된다. 하지만 가르쳐야 할 게 습관이나 태도라면 얘기는 달라진다. 아이를 가르치기 이전에 부모 자신에게 교육 목표가 먼저 구현되어 있어야 한다. 내게 없는 것을 주기란 어려운 일이다. 감정 조절을 못하는 부모가 아이에게 감정을 잘 조절할 수 있도록 가르칠 수는 없는 노릇이다.

이런 종류의 가르침은 의도하지 않은 순간 일어나는 경우가 많다. 부모의 말투, 표정, 전반적인 가족 분위기 등을 통해 아이에게 자연스럽게 전해진다. 가르치려고 의도한다고 가르쳐지는 게 아니다. 부모가 평소 자신이 아이를 어떻게 대하는지를 잘 살펴야 하는 이유가 여기에 있다.

그래서 부모는 결국 깨닫는다. 육아를 잘하려면 부모 자신이 성숙하고 발전해야 한다는 사실을 뼈저리게 느끼게 되는 것이다. 아무리 가볍게 생각해도 그렇다. 육아는 본질을 요구한다. 아이에게 잘하라고 요구하기 전에 부모 먼저 잘해야 한다. 더 괜찮은 부모가 되기 이전에 더 괜찮은 사람이 되려고 노력해야 한다.

육아의 비결은 특정한 육아법에 담겨 있지 않다. 브레네 브라운Brene Brown은 『대담하게 맞서기』에서 "우리 아이들이 앞으로 어떻게 성장할지 알고 싶다면 '완벽한 육아 방법'을 찾아 헤매는 것보다 지금 우리가 어떤 모습이며, 세상을 어떤 식으로 끌어안는지 살펴보는 편이 훨씬 낫다"고 이야기했다. 부모 스스로 자신의 삶과 육아를 돌아볼 때 육아가 잘 흘러갈 수 있다는 말이다.

아이를 키우다보면 자신도 모르게 자기 어린 시절을 돌아보게 될 때가 있다. 간혹 거울을 보면 아버지 생각이 나고 아내를 보면 어머니가 떠오르곤 한다. 아이들이 뛰노는 모습을 보면 내 유년 시절이 겹쳐 보인다. 어린 시절 내가 아버지에게 했던 말들이 불현듯 스칠 때도 있다. 아이 볼에 뽀뽀를 하는데 아이가

“까끌까끌해”라며 웃는다든지, 이발하고 온 날 아이가 나를 보고 “아빠 머리 잘랐네”라고 할 때, 내가 어릴 적 그 말을 아버지에게 했던 순간들이 스치는 것이다. 아이를 보는 내 시선이 나를 바라보던 아버지의 시선과 겹칠 때 새삼 내가 아버지가 되었음을 실감한다.

사실 부모가 되기 전에는 부모가 자식 생각을 이렇게나 많이 하며 사는 줄 몰랐다. 육아는 이전에는 그 입장에 서보지 않아 이해하지 못했던 것을 이해하는 계기가 되기도 한다. 결국 아이를 키운다는 건 나를 다시 만나는 것이다. 아이를 통해 내 유년 시절을 다시 만나고, 부모님의 청년 시절도 다시 만나고, 그렇게 한 세월을 기억 속에서 다시 살며 화해에 이르는 것, 어쩌면 육아야말로 좋은 정신치료가 아닐까 하는 생각도 해보곤 한다.

아이 키우는 집에 육아 서적 한두 권 없는 집이 없다. 하지만 다들 책은 실전과 영 다르다는 이야기를 한다. 책이 문제는 아니다. 괜찮은 육아 서적은 거울 같다. 아이를 비추는가 싶다가도 어느 순간 자기 모습을 비춘다. 일순 깨달음이 찾아온다. 하지만 거기서 그치면 발전이 없다. 와닿는 글귀에 밑줄을 긋는다고 그게 삶으로 들어오는 건 아니다. 공감에서 한 발 더 나아가 어떻게든 자신에게로 적용을 해야 한다. 글을 삶으로 받아내야겠다는 적극적인 자세가 필요하다. 다르게 행동하고 다른 결과를 경험할 때, 그리고 그런 결과가 누적될 때 서서히 바뀐다.

이 책도 어떻게 하면 책 읽기와 삶을 연결할 수 있을까 하는 고민에서 출발했다. 진료실 책상에 앉아서는 매일같이 소아정신과 의사로서 육아에 관해 조언도 하고 육아책을 추천도 하는 입장이지만, 정작 집에 돌아가면 네 아이의 아빠로서는 육아에 어려움을 겪을 때가 많다. 이것 하나는 확실하게 말할 수 있다. 소아정신과 의사라고 해서 육아가 저절로 쉬워지는 건 결코 아니다. 육아는 누구에게나 굉장히, 굉장히 어려운 일이다!

내 육아의 현장, 그 시공간을 적어보기로 했다. 나도 문제가 많으니까 나를 바꾸는 노력을 기울여본다면 내가 만나는 사람들을 돕는 데도 유익하지 않을까 하는 생각을 했다. 책을 읽고, 내 육아를 돌아보고, 다시 책으로 돌아가기를 반복했다. 책에 해답이 있지는 않았다. 하지만 나와 비슷한 고민을 하며 아이를 키웠던 부모들의 고민이 고스란히 들어 있었다.

서로 다른 14권의 책을 골랐다. 편협한 몇 개의 이론만으로 아이를 키우는 건 위험하다. 한두 명의 육아 멘토들의 목소리만 들어서도 곤란하다. 아이들은 모두 제각각이고 각자가 처한 어려움이 다르다. 다양한 방법이 준비되어 있어야 한다. 영국의 시인이자 로체스터 가문의 2대 백작이었던 존 윌멋^{John Wilmot}은 이런 말을 남겼다. "결혼하기 전에는 육아에 관한 여섯 가지 이론이 있었는데, 아이가 여섯인 지금은 어떤 이론도 없다.” 이론이 아무짝에도 쓸모없다는 말이 아니다. 나는 이 말을, 여러 이론을 섭렵하되 자기 것으로 만드는 노력을 기울이라는 뜻으로 받아들인다.

책을 쓰며 크게 네 부류의 독자를 염두에 뒀다. 가장 먼저는 미래의 나다. 나중에 내가 다시 읽어도 재미있을, 그런 책을 쓰고 싶었다. 육아가 힘들 때 스스로 이 책을 다시 펼쳐보며 힘을 얻고 마음도 다잡기를 바랐다.

다음은 아내다. 원고를 맨 처음 읽은 건 늘 아내였다. 원고를 출력해주면 아내가 먼저 꼼꼼히 읽고 필요한 내용을 내게 일러주었다. 뜻이 잘 통하지 않는 문장을 아내가 표시해서 주면 원고를 돌려받아 그 부분을 고쳐 쓰곤 했다. 어떤 글은 좋다고, 어떤 글은 별로라고 솔직한 평을 해주기도 했다. 이 책에 실린 글 중 상당수는 아내에게 소재를 구해 썼다. 사실상 아내는 이 책의 공동저자나 다름없다.

다음은 나와 동시대를 살아가는 부모들이다. 아무런 지도도 없이 육아의 바다를 항해할 부모들을 위해 작은 안내서를 하나 쓰고 싶었다. 내가 만난 육아의 스승들을 소개하고, 내가 했던 고민들도 나누면서 그들을 응원하고 싶었다. 당신은 혼자가 아니라고, 아이를 잘 키우기 위해 애쓰는 많은 부모들이 있어왔고, 지금도 있다고 말해주고 싶었다.

이 책의 마지막 독자는 아마도 내 아이들이 될 것이다. 아이들이 훗날 혹시라도 이 책을 읽게 된다면 부모에게 연민을 느끼고 우리의 잘못과 부족함을 용서해주기를 바라는 마음으로 책을 썼다. 행간에 담은 우리 부부의 마음을 아이들이 읽어준다면 더 바랄 게 없겠다.

책을 쓰는 사이 우리집에 넷째가 태어났다. 눈도 제대로 못 뜨던 아기가 이제는 웃고 뒤집고 옹알이를 한다. 나도 그렇다. 부모로서, 소아정신과 의사로서, 글쓰는 사람으로서 이제 막 뒤집고 옹알이를 하는 기분이다. 부족한 책이지만 부디 너그럽게 봐주셨으면 좋겠다.

2014년 11월
김성찬

차례

아빠

정신건강의학과 의사. 책 읽는 것을 좋아하고 아이들과 노는 것도 좋아하지만, 집에 오면 쉬고 싶고 주말엔 혼자 놀고 싶어하는 평범한 가장. 그래도 어떻게 하면 우리 가족이 모두 함께 행복할 수 있을까 늘 고민한다.

엄마

대학에 입학하자마자 아빠 만나 줄곧 연애하다 결혼. 천생 여자라는 소리를 자주 듣는다. 차분하면서도 밝은 성격에 다른 사람을 잘 배려한다. 어쩌다 네 아이의 엄마가 되어 육아에 허덕이면서도 순간순간 행복하다고 한다.

하준이

다섯 살 남자아이. 하성이보다 3분 먼저 세상에 나왔다. 체구는 하성이보다 좀 작지만 달리기를 잘하고 운동을 좋아한다. 동생을 잘 돌보고 물건도 잘 찾는다. 자기 물건을 한곳에 차곡차곡 모아놓곤 한다.

하성이

다섯 살 남자아이. 하준이와 쌍둥이 형제. 적극적이고 이것저것 관심이 많다. 신발 정리를 잘한다. 나눠주고 선물하는 걸 좋아한다. 밝고 명랑하지만 원하는 대로 안 되면 좀 떼를 쓴다. 하준이보다 몇 분 늦게 태어났지만 체구가 좀더 커서 밖에 나가면 형 소리를 듣곤 한다.

세 살 여자아이. 오빠 따라 유치원에 다니는 게 소원인 우리집 셋째. 이 집의 유일한 딸이다. 귀엽고 똘똘하다. 오빠들을 잘 따르지만, 자기를 귀찮게 하면 여지없이 오빠들을 응징한다. 최근 말이 부쩍 더 늘었다. 요새 잘하는 말 두 가지는 "괜찮아" "잠깐만".

하영이

하겸이

한 살 남자아이. 우리집 막내. 순하고 잘 웃고 옹알이도 잘한다. 최근 뒤집기에 성공했다. 처음엔 낑낑대며 겨우 뒤집더니 이젠 금방이다. 침을 많이 흘리고 입으로 푸푸 소리 내는 걸 좋아한다. 이가 나려는지 요새 들어 밤에 자주 깬다.

"계속 울면 여기 두고 갈 거야"

다섯 살이 된 쌍둥이는 지난 2년간의 어린이집 생활을 마치고 유치원에 들어갔다. 아이들은 긴장을 많이 한 눈치였지만 유치원 등원만으로도 우리 부부는 적잖이 설렜다. 벌써 유치원이라니. 그전에 준비할 게 몇 가지 있었다. 앞치마, 모자, 로션, 칫솔, 실내화 등 아이들이 유치원에서 사용할 물품들이었다. 아내가 인터넷으로 주문을 넣었다.

다른 물건들은 모두 준비가 잘됐는데, 하성이 실내화가 문제였다. 통통한 하성이는 발볼이 양옆으로 볼록하게 넓어서 인터넷으로 주문한 실내화가 발에 꽉 끼었다. 유치원에 들려 보내긴 했는데 막상 신어보니 아팠던 모양이다. 오래 신고 있지 못했다. 제 스스로 가방에 챙겨 도로 집으로 가져왔다.

조금 더 큰 실내화가 필요했다. 발에 맞는 치수를 고르자면 신겨보는 수밖에 없을 텐데, 언뜻 떠올려도 갈 만한 곳은 대형 마트밖에 없었다. 마트로 차를 몰고 가서 빈자리를 찾아 주차하고, 커다란 매장을 기웃거려 실내화 한 켤레를 찾는다는 건 조금은 우스운 일이다. 신발을 사려면 신발 가게에 가는 게 좋을 것이다. 하지만 이제는 옛날처럼 동네에 신발 가게가 없다. 신발 가게만 없는 게 아니다. 철물점도, 시계방도, 옷집도 별로 없다. 대형 마트는 이 모든 물건들의 집결지가 됐다. 실내화 한 켤레를 발에 맞춰보기 위해 갈 곳이라곤 이제 대형 마트밖에 없다.

가까운 대형 마트에 갔더니 역시나 색색의 실내화가 구비되어 있었다. 하지만 적당한 물건을 찾기란 쉽지 않았다. 우선 크기순으로 일목요연하게 진열되어 있지 않았다. 실내화는 널따란 판매대 위에 산처럼 쌓여 있었다. 실내화 더미를 손으로 휘저어 눈으로 하나하나 치수를 확인해야 했다. 개중 작아 보이는 걸 골라 아이 발에 신겨보았다. 너무 컸다. 다른 판매대로 넘어가 비슷한 치수를 찾아 신겼는데 앞의 것과 크기가 전혀 달랐다. 치수가 같다고 실제 크기가 같은 게 아니었다. 메이커에 따라 적어도 한 치수 이상 크기가 달랐다.

그러다 우연찮게도 160밀리 실내화 하나가 아이 발에 꼭 맞다는 것을 알게 됐다. 드디어 찾았구나 하는 반가움도 잠시, 문제가 하나 생겼다. 달랑 한 짝뿐이었다. 실내화 더미를 구석구석 뒤져봐도 나머지 한 짝은 나타나지 않았다. 십여 분을 그렇게 찾았을까. 우리 부부는 160밀리 나머지 한 짝은 판매대 어디에도 없는 것으로 결론 내렸다. 점원을 불러볼까 하고 근처를 둘러보았지만, 쉽게 눈에 띄지 않았다. 하기야 9900원짜리 실내화, 그것도 160밀리 신발 한 짝을 찾아달라고 사람을 부르는 것도 군색한 일이었다. 물건이란 물건은 다 갖추고 있을 것만 같은 대형 마트에서, 내가 찾는 그것만 딱 없는 꼴이라니. 망연했다.

찾는 신발은 어디에도 없는데, 하성이는 "실내화, 실내화……" 조르기 시작했다. 하준이도 나름대로 불만이 있었다. 자기 것은 왜 안 사는지 따지기 시작했다. 유치원에 가면 너는 맞는 실내화가 있지 않느냐고 해도 소용없었다. 두 녀석 모두 당장 시위라도 벌일 기세였다. '왕꿈틀이'나 '마이쭈'라도 사서 입에 하나씩 넣어주어야 하나 고민하는 사이, 아이 엄마는 따로 살 것이 있다며 메모지를 들고 다른 코너로 향했다. 이제 내 옆에 남은 건, 불만투성이 쌍둥이 두 녀석과 빈 카트. 카트에는 17개월 된 셋째 하영이가 곤히 잠들어 있었다. 속으로 이렇게 외쳤다.

‘깨지 마라, 깨지 말거라, 엄마 올 때까지만이라도 제발 깨지 말거라.’

대형 마트는 없던 욕구도 생기게 하는 곳이다. 카트에 옮겨 담기만 해도 제 것이 된 것 같다. 필요하지 않다고 생각했던 물건도 어느새 필요한 것으로 둔갑해 있다. 돈만 내면, 신용카드만 제시하면 원하는 물건을 언제든 집으로 가져갈 수 있다. 자기도 모르는 사이에 필요가 주입된다.

보는 족족 몇 가지를 사내라고 조르다가 마침내 하성이의 시선이 머문 것은 견과류였다. 어른 머리만한 크기의 플라스틱 통 안에 아몬드며 땅콩, 색색의 과자가 들어 있었다. 맛있어 보이는 색과 모양에 몹시 끌렸던 모양이었다. 실내화 대신 땅콩? 아이 눈은 이미 그렇게 바라고 있었다. 어림없는 일이었다.

“안 돼.”

단호한 눈빛으로 몇 차례 안 된다고 말했다.

아이는 아빠 말은 아랑곳하지 않고 여전히 통을 제 품에 꼭 끌어안고 서 있었다.

“계속 그랬단 봐. 아빠가 안 된다고 했지?”

아이는 어느새 통을 안고 저만치 걸어가기 시작했다. 그 순간 강하게 제지하지 못한 나는 아이 뒤통수만 물끄러미 쳐다보고 있었다. 안 된다는 말은 이미 몇 차례 한 터였고, 나도 이미 지

쳤다. 어차피 계산대에서 빼면 될 일이라 생각해 안이하게 대응
했다.

그사이 아이 엄마가 돌아왔다. 이럴 때만큼은 아내가 누구보
다 더 반갑다. 고기, 야채, 크랜베리, 빗자루. 살 것만 얼른 몇
가지 챙겨 돌아와주었다. 고마운 것도 잠시, 계산을 끝내고 견
과류 통을 계산대 밖으로 빼자 하성이의 떼가 본격적으로 발동
하기 시작했다. 발을 동동 구르고 펄쩍펄쩍 뛰었다. 울고불고
난리를 피우며 부득부득 졸라댔다. "사라고, 사라고……" 아이
목소리가 쩌렁쩌렁 울렸다.

더이상은 안 되겠다 싶어 아이를 비상구 쪽으로 데려가 잠시 '타임아웃'(잘못된 행동을 했을 때 아이가 지루해할 법한 장소로 데리고 가서 몇 분 동안 격리시키는 육아법)을 했다. 도무지 울음을 그치지 않았다. 원하는 걸 못 사서 속상했겠구나, 실내화 사러 온 거지 먹을 걸 사러 온 게 아니다, 엄마가 크랜베리를 샀으니 이따 집에 가서 요플레에 넣어 먹자는 등 이런저런 이야기를 해도 소용이 없었다.

아이 손을 잡아끌고 비상구 문을 열고 나갔더니 계단이었다. 희미하게 불이 켜 있기는 했지만 어둑한 공간이었다. 문 안쪽은 더할 나위 없이 환한데 밖은 그렇지가 않았다. 문 하나를 사이에 두고, 빛과 어둠이 갈렸다. 대형 마트 안이 화려한 밖이라면, 거기는 그 뒤편, 진짜 안이었다. 철커덕 문이 닫혔다.

그 안에서 2분간 타임아웃을 했다. 휴대폰으로 알람을 맞췄다. 알람이 울리면 나갈 거라고, 그전까지 울음을 그치라고 말했다. 아이는 계속 울었다. 나는 다섯 계단쯤 내려가 멀찌감치 섰다. 내가 계단을 내려가자 아이는 더 크게 울어젖혔다. 절박한 울음이었다.

안 된다고 말한 건 안 되는 거라고, 원하는 대로 다 되는 건 아니라고, 주섬주섬 그런 말들을 꺼내 늘어놓았던 것 같다. 왜 안 되는지를 아이에게 설명하기란 쉽지 않았다. 아이 마음을 더

읽어주고 천천히 타일렀어도 될 일이었는데 하는 생각이 든다. 지금 와 돌이켜보니 그렇다는 것이다. 그 순간 그런 마음은 들지 않았다.

아이가 계속 울자 마음이 조급해졌다. 나도 모르게 이런 말이 튀어나왔다.

"계속 울면 여기 놔두고 갈 거야."

그렇게 말해본 건 처음이었다. 어디서 떠오른 말이었을까.

아이는 계속 울었다.

"계속 그러면 마트에 두고 간다. 너 혼자 여기 있을 거야. 밤까지. 엄마 아빠 다 집에 가고 너 혼자!"

아이 눈빛이 흔들렸다. 그렇게 말해놓고는 나 역시 힘이 빠지고 말았다. 더없이 강하게 나갔지만, 그 순간 나는 어느 때보다 더 초라하게 변한 것만 같았다. '너 역시 별 볼일 없는 아빠로구나' 하는 생각이 스쳤다. 무력했다. 미안한 마음을 감추고 아이를 안아주었다. 아이를 안은 것은 나였지만, 잠시 아이에게 안기고 싶었던 것인지도 모르겠다. 아이 손을 잡고 밖으로 나왔다. 밖은 다시 환했다. 아이는 기다리던 엄마에게로 울며 달려갔다. 나중에 들은 얘기로는, 그때 아이는 엄마에게로 내리 달려가 엄마 손을 꼭 붙잡았다 한다. 이후 내내 떨어지지 않으려 엄마 곁에 붙어 있었다 한다. 그때는 그런 줄 미처 몰랐다.

그렇게 끝이 난 줄로만 알았다. 전에도 내가 나서서 아이를 호되게 야단친 적이 몇 번 있었다. 다른 때 같았으면 잠시 후 아무렇지도 않게 다시 사이가 좋아져 깔깔거리며 놀곤 했다. 이번에는 달랐다. 하성이가 슬슬 나를 피했다. 이튿날 아침 식탁에 앉을 때도 내게서 멀리 떨어져 앉았다. 눈인사도 안 하고 빙 돌아 엄마 곁으로 갔다. 불러도 얼른 쳐다보지 않았다. 퇴근해 집에 와도 아빠를 별로 반기지 않는 눈치였다. "아빠!" 하며 달려 나오지 않았다. 하성이만 그런 게 아니었다. 하준이도 반응이 시큰둥했다. 밤이면 아이들이 울다 깨는 일이 반복됐다. 내가 가서 달래면 더 크게 울었다.

집안 분위기가 어딘가 살짝 뒤틀려 있다는 느낌을 받았다. 아이들의 반응에는 약간의 무관심 또는 냉소가 실려 있었다. 좀 어두웠다. 처음엔 아이들이 유치원에 다니기 시작한 지 얼마 되지 않아 적응에 어려움을 겪고 있나 생각했다. 그러다 잠시 잊고 있던 일이 되살아났다. 그 일 때문일 수도 있겠다는 생각이 들었다.

다음날 아침 하성이가 일어났을 때, 아이를 일으키며 장난을 치다가 분위기가 살짝 좋아진 틈을 타 마트 얘기를 꺼냈다. 아빠가 마트에 두고 온다고 했을 때 무서웠는지. 아이가 고개를 끄덕끄덕했다. 아빠가 정말 두고 올지도 모른다고 생각했는지.

아이는 다시 고개를 끄덕였다.

"그랬구나. 아빠가 미안하다."

호흡을 가다듬고 다시 말을 이어갔다.

"그때 아빠가 화가 나서 하성이를 놓고 온다고 했는데, 절대 그런 일은 없을 거야. 아빠가 하성이를…… 버릴 리가."

'버린다'는 동사 앞에서 잠시 멈칫했다. 그 단어를 입 밖으로 꺼낸다는 것 자체가 꺼려지는 일이었다. '버리지 않는다'는 말에서조차 아이가 '버림받음'의 가능성을 떠올릴까봐 머뭇거렸다. 사람이 사람을 버린다니. 내가 너를 버린다니.

그래도 그 말을 사용할 수밖에 없었다. 가장 확실한 낱말이었다.

"아빠는 하성이를 절대 버리지 않아."

버리지 않는다는 말에 아이는 위안을 받은 것 같았다. 얼굴이 환해졌다. 이유를 설명하려다 포기했다. 이유 같은 게 있을 리가. 한 번 더 안아주었다.

아침을 먹으며 이런 일이 있었다고 아내에게 이야기했다. 아내는 내가 출근하고 난 다음, 아이들과 다시 그 이야기를 나눴다고 한다. 아이는 '왜' 엄마 아빠가 자기들을 버리지 않는지 물었다고 한다. 다섯 살짜리에게 '왜'는 마법 같은 단어다. '왜'를 붙이면 이유를 들을 수 있다. 이유를 들으면 나름대로 정리가 된다. 엄마의 대답은 간단했다.

"엄마 아빠 아들이니까."

단박에 정리가 끝났다. 역시나 엄마는 지혜롭다.

"그럼 하영이는?"

"하영이도. 엄마 아빠는 절대 아이들을 딴 데 놓고 오지 않아. 한번 거꾸로 생각해보자. 우리 쌍둥이가 모두 좋아하는 민기 형아가 우리집에 살 수 있을까?"

"아니."

"그럼 민솔이 누나는?"

"같이 살 수 없지."

"그럼 하준이 하성이는 왜 우리집에 살고 있지?"

"아들이니까."

처음엔 아이들 마음이 어른과 달라도 너무 다르구나 생각했다. 자기들을 버리지 않는다는 걸 왜 모를까, 그걸 꼭 말로 해야 아나. 한편 답답하고, 다른 한편으로는 귀여웠다. 그런데 다시 생각해보니 나도 다르지 않았다. 어른도 크게 다르지가 않다는 생각이 들었다.

어른 역시 확신을 필요로 한다. 우리는 날마다 누구를 믿어야 할지 무엇을 신뢰해야 할지 결정하며 살아간다. 물건을 고를 때도, 사랑을 할 때도, 지지하는 정치인에게 한 표를 던질 때도 믿음을 요구한다. 더 믿는 쪽을 선택한다. 그러다 뒤통수를 맞으면 크게 타격을 입기도 한다. 세상과 사람을 믿을 수 없게 되는 것만큼 큰 상처도 없다. 아이나 어른이나 크게 다르지 않다. 우리 모두는 안심이 필요하다.

아이 실내화는 어떻게 됐느냐고? 결국 마트에서 본 것으로 샀다. 똑같은 걸 인터넷으로 검색해 주문을 넣었더니 이튿날 째깍 배송되어왔다. 160밀리짜리 실내화 한 짝, 아니 한 켤레는 대형 마트가 아닌 인터넷 상점에 있었다. 마트보다 3000원 저렴했고 게다가 무료배송이었다.

이럴 거면, 마트는 도대체 왜 가서 그 고생을 했느냐고 묻고 싶다.

「부모와 아이 사이」
하임 G. 기너트 외 지음, 신홍민 옮김, 양철북, 2003

아이는 자기가 믿는 부모로부터 세상을 배운다. 이때 부모의 마음은, 아이가 세상을 바라보는 창이 된다. 아이는 부모를 통해 세상만 배우는 게 아니라, 자기 자신에 대해서도 배운다. 아이는 스스로에 대한 지식을 가지고 태어나지 않는다. 처음부터 자신에 대해 어떻게 생각해야 할지 알고 태어나는 아이는 없다. 부모가 자기를 어떻게 대하는지 반복적으로 경험하면서, 스스로를 어떻게 대해야 하는지도 배우게 된다. 아이의 자존감은 여기에서 출발한다.

"아빠는 저를 개처럼 생각하는 것 같아요. 말을 듣게 하려고 자기가 키우는 동물을 때리는 사람도 있잖아요. 제가 말을 안 듣는다고 아빠가 저를 때리는데, 저는 개가 아니고 사람이잖아요."

진료실에서 만난 한 아이에게서 들은 이야기다. 아이는 자기가 사람 취급을 받지 못하고 있다고 말했다. 자기가 신뢰하는 사람으로부터 사람대접을 받지 못한 결과, 아이는 스스로에 대해 건강한 생각을 유지하기 어려워했다. 자존감에 큰 상처를 입은 것이다.

아이의 마음을 이토록 비참하게 만들겠다고 작정하는 부모는 없을 것이다. 정신적인 문제가 있는 부모만 아이에게 잊지 못할 상처를 주는 것도 아니다. 대개의 부모는 선의를 가지고 있고, 아이를 사랑한다. 그럼에도 불구하고 많은 부모들이 아이의 마음에 반복적으로 생채기를 내고, 그중 일부는 깊은 상처가 된다.

부모도 물론 어렸을 적엔 모두 아이였다. 연한 마음이던 때가 있었다. 하지만 어른이 된 지금, 부모의 마음은 많이 무뎌졌다. 세상을 상대하며 부득불 정신적인 맷집을 키워왔는데, 그 결과 지금은 아이의 속마음을 이해하기 어려울 정도로 단단한 심장을 갖게 됐다. 아이의 마음을 이해하려면 굳은 심장이 부드러워져야 한다. 단단한 게 연해져야 한다. 부모가 다시 어려질 수는 없지만, 아이를 이해하기 위해 부모의 마음은 일정 부분 재생이 필요하다.

아이 마음을 이해하는 출발점으로 하임 기너트 Haim G. Ginott 박사의 『부모와 아이 사이』만큼 적합한 책도 없을 것이다. 기너트는 이 책에서 아이들 마음의 섬세한 결을 재생하여 문장 하나하나에 깊이 각인해놓았다. 차근히 읽다보면, 신기하게도 아이 마음이 잠시 이식되는 듯한 체험을 하게 된다. 그래서 이 책을 제대로 읽고 나면 이전으로 돌아갈 수가 없다. 아이가 달리 보인다. 기너트는 애정 어린 말투로, 때로는 준열한 목소리로 우리를 일깨운다. 아이도 사람이라고, 아이에게도 마음이 있다고, 아이는 그 속에 무수한 생각이 들어 있는 하나의 세계라고 이야기한다. 그런 의미에서 기너트는 매개자다. 부모와 아이 사이를 잇는 작은 통로를 연다.

기너트는 책 전체에 걸쳐 부모의 말이 아이 마음에 불러일으키는 생각을 묘사하는 데 무척이나 공을 들이고 있다. 부모는 말을 던지고 나면 자신의 선의가 전달되었으리라고 착각한다. 아이 속은 잘 알지도 못하면서 자기 마음에 비추어 괜찮겠거니 하고 넘어가버린다. 하지만 정작 중요한 변화는 부모의 말이 시위를 떠나 아이 마음에 화살처럼 박힌 그 순간부터 시작된다. 화살이 꽂힌 자리에서는 피가 흐르기도 하고 꽃이 피기도 한다. 기너트는 말이 발설된 순간 일으키는 효과가 아니라, 이후

아이 마음속에서 점진적으로 일어나는 변화가 더 중요하다고
이야기한다.

말은 두 부분으로 이루어진다. 우리가 아이들에게 하는 말
이 그 하나이고, 다른 하나는 아이들이 그들 자신에 대해 이
야기하는 것이다.

"너 당장 오지 않으면 여기 버려두고 갈 거야"

복잡한 거리나 대형 마트 같은 곳에서 종종 듣게 되는 소리
다. 아이가 움직이기를 거부하며 한자리에서 떼를 쓸 때 부모
입에서 자기도 모르게 나오는 흔한 말 중 하나다. 부모로서는
참다못해 하는 말일 것이다. 최후의 일격이자, 일종의 벼랑 끝
전술이다. 부모는 확실한 선을 긋고 싶어한다. 물론 부모가 의
도하는 건 울음을 그치고 빨리 가던 길을 가자는 것이지, 아이
를 아예 놔두고 가겠다는 게 아니다. 부모는 아이가 자신들의
선한 의도를 당연히 알 것으로 기대한다. 하지만 아이 마음에서
는 다른 일이 벌어진다.

아이가 이런 말을 듣는 순간, 아이 뇌리에는 부모로부터 버림
받을지도 모른다는 두려움이 새겨진다. 세상에 홀로 버려질 수
있다는 가능성의 불꽃이 활활 타오르기 시작한다. 기너트는 이

런 말을 듣고 난 다음, 아이가 혼자 있을 때 하는 생각에 주목한다. 부모가 까맣게 잊어버렸다고 아이도 잊은 건 아니다. 아이의 마음은 고장난 라디오처럼 부모의 말을 반복 재생한다. 돌아오는 차 안에서, 혹은 저녁밥을 먹다가, 아니면 며칠 후 자기 방에서 혼자 깨어났을 때 아이는 문득 이런 생각을 하며 소스라친다. '혹시 부모가 정말로 나를 버리면 어떡하지? 나는 부모를 귀찮게 하는 존재야. 어쩌면 정말 아무도 모르게 버려질지도 몰라.'

아이들은 부모의 말을 종종 곧이곧대로 받아들인다. 평소 부모 말을 잘 듣지 않는 것 같아 보여도, 속으로는 자기에 대한 부모의 말이라면 대개는 사실일 거라고 가정한다. 정작 부모가 들으라는 말은 듣지 않고, 듣지 말았으면 하는 말은 듣는 것이다. 기억하길 바라는 말은 금세 사라지고 기억할 거라고 짐작도 못한 말들만 또렷하게 아이에게 각인된다.

기너트는 '버리겠다'는 말은 아이에게 절대로 써서는 안 되는 표현이라고 충고한다. 농담으로라도 또는 화가 나더라도 아이를 버리겠다고 윽박지르는 일이 있어서는 안 된다는 것이다. 아이는 자기에 대한 긍정적인 언급이나 부정적인 표현을 직접 듣기도 하고 우연히 엿듣기도 한다. 어떤 말이 아이에게 새겨질지는 알 수 없다. 아이들 마음속에 자기 자신이 가치 있는 존재라는 생각을 키워주고자 한다면, 아이에게 하는 말에 세심한 주의를 기울여야 한다.

"이 녀석, 한 번만 더 그랬단 봐"

이런 말이 아이의 그릇된 행동을 멈추는 데 도움이 될까. 기너트는 그렇지 않다고 말한다. 위협은 종종 금지된 행동을 부추기는 역할을 한다. 이유가 뭘까. 역시나 이 상황에서도 핵심은 아이 마음속에서 일어나는 생각이다. 기너트는 대개의 아이들이 '이 녀석'보다는 '한 번만 더 그랬단 봐'라는 말에 더 귀가 솔깃해진다고 꼬집는다.

아이는 부모의 의도와 달리 위협을 이렇게 해석하곤 한다. '엄마는 어쩌면 내가 정말로 한 번 더 그런 행동을 할 거라고 기대하고 있는지도 몰라.' 어처구니없이 들릴지도 모르지만 실제로 아이들 마음속에서 일어나는 변화다. '엄마는 애써 화를 참고 있잖아. 내가 한 번 더 해서 차라리 엄마가 버럭 화를 내는 게 엄마에게 더 도움이 되는 일일지도 몰라. 그게 이 상황을 끝내는 빠른 방법일 수도 있어' 또는 '이런 경고는 응대해줘야 해. 나도 자존심이 있지. 내가 졸장부가 아니라는 걸 증명하겠어'.

그래서 기너트는 다음과 같이 권한다. 동생에게 장난감 공기총을 들이대는 아이가 있다면, 일단 "동생한테 쏘지 말고 과녁에 대고 쏴"라고 이야기한다. 그래도 듣지 않으면 "총은 사람에 대고 쏘는 게 아니야"라고 말한 다음 아이 손에서 총을 빼앗아 치워버리는 것이다.

작은 성취들이 쌓여 큰 성취를 이룬다

그렇다면 어떻게 해야 할까. 어떻게 말을 통해 아이에게 긍정적인 변화를 일으킬 수 있을까. 기너트는 부모의 말을 캔버스처럼 생각하는 것이 좋다고 이야기한다. 부모가 말을 하면, 그 말이 그대로 아이에게 전달되는 게 아니라 아이는 그 위에 자기에 대한 그림을 그린다는 것이다.

칭찬을 예로 들어보자. 막연히 엄청 잘했다고 칭찬해주기보다는 사실을 구체적으로 언급하는 것이 더 효과적이다. 칭찬은 왜곡된 상을 전하는 도구가 되기보다는 아이가 성취한 일을 있는 그대로 비추는 거울이 되는 것이 좋다. 그래야 아이가 그런 구체적 진술을 바탕으로 '건강한 자기'라는 탄탄한 집을 지어 올릴 수 있다.

축구장에서 한참 뛰고 온 아이에게 "우리 아들 너무 잘했다"고 하면 아이는 '뭘 잘했지? 크게 잘한 것도 없는 것 같은데'라며 고개를 갸우뚱하게 된다. 한 걸음 더 들어가야 한다. 마지막에 찔러주는 패스가 좋았다거나 공을 악착같이 지켜내기 위해 안간힘을 쓰는 걸 엄마 아빠가 봤다고 구체적으로 말해주는 것이 좋다. 골을 넣지 못했어도 전체 경기에 어떤 도움을 주었는지 아이에게 상세하게 일러주면 아이는 속으로 이렇게 생각하게 된다. '그러고 보니 내가 잘했구나.' 아이에게 구체적인 정보와 의견을 말해주는 게 단순한 평가보다 낫다. 구체화해야 더 깊은 공감이 일어난다.

아이를 나무랄 때도 마찬가지다. 아이가 혼자 우유를 따르다 실수로 쏟았다면 "엄마가 그렇게 하지 말랬지? 칠칠치 못하게 이게 뭐니?"라고 할 게 아니라, "우유가 쏟아졌구나. 네 옷도 다 젖었네. 가서 수건 가져와"라고 이야기하는 것으로도 충분하다. 벌어진 일만 침착하게 기술하는 게 먼저다. 그러고 나서 아이에게 다시 기회를 주는 게 좋다. "한 번 더 해보자. 엄마가 옆에서 봐줄게." 아이는 부모가 믿어주면 힘을 낸다. 이번엔 아마 잘해낼 수 있을 것이다. "주의깊게 잘했구나. 다음에도 이번처럼 천천히, 주의깊게 하면 잘할 수 있을 거야." 이렇게 작은 성공을 이끌어내는 게 부모의 역할이다. 큰 성취는 결국 이런 작은 성공의 누적이다.

화난 목소리로 사랑을 말하지 말라

아이의 행동 이면에는 감정이 있다. 숨은 감정을 헤아려 공감을 전할 때, 아이는 자기감정을 더 잘 알아차릴 수 있다. 그럴 때 아이는 충분히 존중받고 있다고 느끼고, 생각도 더 잘할 수 있다. 감정은 강물 같다. 격한 감정은 마치 격랑처럼 넘실댄다. 멈추라고 말한다고 멈춰지는 게 아니다. 방향을 바꿀 수는 있어도 당장 멈추게 할 수는 없다. 그 흐름대로 받아주며 감정의 존재를 있는 그대로 인정할 때 물꼬를 돌릴 기회도 얻을 수 있다. 아이는 자기감정을 부모에게 비춘다. 검열하거나 비꼬지 말고 아이가 느낄 만한 감정을 있는 그대로 보여주는 게 부모가 할 일이다. 상이 선명할수록 아이가 성장하고 변화할 수 있는 기회도 커진다.

기너트는 비결을 말하지 않는다. 다만 부모의 성숙을 요구한다. 감정 코칭 기술을 아무리 배워도 실전에서 작동하지 않는 이유는 부모의 태도가 곧 메시지이기 때문이다. 아이들은 부모의 태도를 본다. 부모의 말만 듣는 게 아니라 감정까지 남김없이 빨아들인다.

부모의 말에 불안과 화가 뒤섞여 있을 때, 아이는 내용보다 부모의 감정을 더 깊이 느낀다. 이런 상황에서 공감은 잘 전달되기가 어렵다. 사나운 태도로는 예의를 가르칠 수 없다. 사납게 가르치면 사나움만 전달될 뿐이다. 기너트는 같은 이유에서 화난 목소리로 사랑을 말하지 말라고 충고한다. 화가 날 때는 부모 역시 사랑을 느끼지 못한다. 이게 진실이다. 화가 날 때 아이가 "엄마 아빠는 날 사랑하지 않잖아"라고 하면, "지금은 사랑을 이야기하기에 적절한 때가 아니야. 무엇 때문에 화가 났는지 이야기할 시간이야"라고 하면 된다. 화가 북받치는 상태에서 "엄마 아빠는 널 사랑해!"라고 외친다고 사랑이 전달되는 건 아니다. 그래서 공감의 기술보다 부모 마음자리를 챙기는 게 우선이다.

부모 역시 실수할 수 있다. 아이는 부모를 통해 세상을 보고, 세상 사는 법을 배운다. 부모가 실수했을 때, 자신의 실수를 인정하고 사과하는 모습을 보여주는 것도 아이에게는 공부가 된다. 그런 의미에서 보자면, 육아는 아이를 만들어가는 과정이 아니라, 부모가 더 나은 사람이 되어가는 과정이다. 아이가 상속받는 것은 유전자나 유산만이 아니다. 아이가 받는 것은 궁극적으로 부모의 삶 그 자체다.

누구도 처음부터 잘하지는 못한다. 누구라도 잘못할 수 있다. 기너트도 부모가 처한 어려움을 이해하며 이렇게 말한다.

아이는 경고를 받고도 금지된 행동을 되풀이한다. 그다음에 어떤 광경이 펼쳐질지에 대해서는 굳이 말할 필요조차도 없다. 부모라면 누구든 쉽게 이런 잘못에 빠져든다.

마지막 문장에 은근한 위로를 받았다. 기너트도 한때는 나 같은 부모였으리라.

오늘밤은 편히 자기를

원래 잠이 많았다. 어린 시절 동생에게 형이 지금부터 숫자를 셀 테니 몇까지 세고 잠드는지 알려달라고 한 적이 있었다. 이 튼날 동생은 놀라워하며 이렇게 말했다.

"형, 대단해. 하나, 둘, 셋, 넷, 다섯, 여섯…… 그러고는 아무 소리도 안 들렸어. 신기해서 가봤더니 정말로 자는 거 있지."

고등학교 때는 수업시간에 조는 걸로 반에서 3인방 안에 들었다. 화학 시간마다 우리 셋은 꾸준히 분필을 맞았다. 물론 졸아서. 전공의 시절, 과에서 가장 무섭다고 알려진 교수님의 강의를 듣는 중에도 꾸벅꾸벅 졸다가 크게 혼난 적이 있었다. 작은 세미나실에서 여섯 명이 같이 듣는 강의였는데, 그때 교수님이 하신 말씀이 아직도 잊히지 않는다.

"김선생, 내가 200명 청중을 모아놓고 강의를 해도 한 명도 안 졸아요. 아무래도 김선생이 병이 있는 것 같아. 부끄러운 거 아니니 꼭 검사하고 치료받으세요."

물론 나는 치료받지 않았다. 충분히 자니까 해결됐다. 잠 부족이 문제였던 것이다. 여덟 시간은 자야 충전이 되는데, 턱없이 부족한 잠을 자며 괴로워했다. 내 십대, 이십대는 잠이라는 채무에 시달리며 꾸벅꾸벅 졸다 지나간 시간이었다. 내 시간을 어느 정도 마음대로 사용할 수 있게 되고 난 다음(정확히 말하자면 개업하고 나서) 맨 처음 한 일은, 될 수 있는 한 충분히 많이 자는 것이었다. 처음엔 열 시간씩 잤다. 다음엔 아홉 시간, 지금은 일고여덟 시간은 꼭 잔다. 일찍 눕고 충분히 자면 아침에 누가 깨워주지 않아도 저절로 일어난다. 알람도 필요 없다. 전보다 정신이 더 맑아지고 활기가 생긴다.

삼십대가 되어 윌리엄 디멘트^{William C. Dement} 박사가 쓴 『수면의 약속』을 보다가 다음 글을 읽고 얼마나 반가웠는지 모른다.

많은 사람들이 잠에 관하여 죄책감을 느끼는 경향이 있다. 다른 사람들보다 조금이라도 오래 침대에 누워 있으면 게으

름의 표시라고 생각한다. 그것은 옳지 않다. 수면의 양은 생물학적으로 정해진 것이다. 신발 사이즈가 크다고 부끄러울 것이 없는 것처럼 열 시간의 수면이 필요하다고 해서 부끄러울 이유는 없다.

어른만 그런 게 아니다. 아이들도 잠은 모두 제각각이다. 잘 자는 아이가 있는가 하면 잘 못 자는 아이도 있다. 많이 자는 아이가 있는가 하면 조금 자도 괜찮은 아이도 있다. 하지만 분명한 것은 충분히 잠을 못 자면 여러 문제가 생긴다는 것이다. 아이가 푹 자지 못하면 신경질이 늘고 자주 보챈다. 기억력과 집중력이 떨어진다. 경우에 따라서는 심하게 떼를 쓰거나 공격적인 행동을 하기도 한다. 연구에 따르면, 잠이 부족한 아이는 질병 회복이 지연되고, 소근육 대근육 운동이 저하되며, 성장에도 문제가 생기는 것으로 나타났다. 잠을 못 자면 아이들은 그저 울기만 하는 게 아니라 발달에도 큰 문제가 생긴다. 아이들의 잠을 세심하게 살펴야 하는 이유가 여기에 있다.

아이 재우기는 아이를 낳은 부부가 처음으로 넘어야 하는 산 중 무척이나 크고 높은 산이다. 우리집 역시 힘들었다. 쌍둥이가 태어나고 첫 3개월은 전쟁이 따로 없다는 생각이 들 정도였다. 힘들었지만 행복한 기억이 많아 돌아가고 싶은 시절이 있는 반면, 다시는 돌아가고 싶지 않은 시간도 있다. 쌍둥이 생후 3개월은 후자다. 인턴 시절도 힘들었지만 이때만큼은 아니었다. 군대 훈련소에서도 힘들었지만 이때만큼은 아니었다. 난이도 최고 등급의 인생 경험이었다. 무척이나 밝은 성격인 아내에게도 산후우울증이 왔다. 그 시절을 어떻게 견뎠나 까마득하다.

집집마다 조금씩 차이는 있어도, 아이들의 잠 문제는 계속 형태를 바꾸어가며 부모를 따라다닌다. 많은 부모가 아이의 잠 문제로 고통을 겪는다. 통계에 따르면, 5세 이하 어린이 세 명 중 한 명은 수면 문제를 겪고 있는 것으로 알려져 있다. 우리집도 예외는 아니었다.

하준이는 비교적 잘 잤지만 하성이는 초반부터 잠 문제에 있어 굉장히 까다로운 아이였다. 자주 깨고 한 번 일어나면 한동안 자지러지게 울었다. 달래기도 쉽지 않았다. 밤중 수유를 끊고 난 다음, 두 녀석 모두 전보다는 잘 잤지만 자주 깨는 문제는 여전했다. 자다가 부모가 곁에 있는지 깨서 자주 확인하고, 많이 뒤척였다. 엄마 곁에서 자면 엄마를, 아빠 곁에서 자면 아빠를 성가시게 들들 볶았다. 확인하고 만지고 붙잡고 껴안는 일이 빈번했다. 아이가 울며 깨어나면 달래주는 일상이 반복됐다. 나아지겠지 하면서 기다렸는데 그리 쉽게 나아지지 않았다. 셋째가 태어나고부터는 하룻밤에 예닐곱 번은 족히 깼다. 이 방에서

저 방으로, 이 아이에게서 저 아이에게로 왔다갔다하느라 도무지 잠을 제대로 잘 수가 없었다.

원래 우리 부부는 아이를 굳이 어려서부터 따로 재울 필요는 없다고 생각했다. 부모와의 살가운 접촉이 주는 좋은 느낌을 아이들이 기억하길 바랐다. 대개의 아이들처럼 다섯 살에서 열 살 사이에 자연스럽게 자기 방에서 따로 자게 하면 되지 않을까 생각하고 있었다. 꼭 기한을 정하지 않더라도 아이에게 맡겨두면 자연스럽게 되는 일들이 많다. 그저 아이들의 반응을 세심하게 살피며 키우다보면 어느 순간 저절로 혼자 자게 될 수도 있을 것이다. 하지만 우리 부부는 한계에 도달했다. 가장 큰 이유는, 생후 17개월인 셋째에 이어 몇 달 지나면 넷째까지 '오신다'는 것. 뭔가 새로운 차원의 준비가 필요했다. 우리 부부는 이제 막 다섯 살이 된 쌍둥이를 다시 한번 따로 재워보자고 결심했다.

전에도 둘만 재우는 걸 시도해보지 않은 건 아니었지만 번번이 실패했다. 돌이켜보면, 그리 절실하지 않았던 것 같다. 목표도 명확하지 않았고, 세밀한 계획도 없었다. 하나의 전략이 실패했을 때 그다음 어떤 식으로 진행해나갈 것인지에 대해서도 깊이 생각해보지 않았다. 실패는 예상된 수순이었다.

쌍둥이에게 처음으로 "이제 오늘부터 너희들끼리 자는 거야"라고 한 날이 생각난다. 아빠가 갑자기 새로운 제안을 하니 아이들 마음이 적잖이 동요했던 것 같다. 아이들은 집에 있는 인형이란 인형은 다 불러모아 자기들 자는 방에 하나씩 눕혀놓았다. 베개 위에 가지런히 줄을 맞춰 인형을 차례로 늘어놓았다. 이 모든 일들이 하나의 의식처럼 진행됐다. 그렇게 인형들을 자기네 잠자리로 초청해 실컷 놀더니, 인형들에게만 이불을 덮어주고 자기들은 도로 안방으로 왔다. 그날 인형들은 작은방에서, 우리 식구는 모두 안방에서 잤다.

다시 시도해보자고 마음먹었다. 이번에는 나름 전략도 짰다. 아이들에게 자다 깼을 때 어떻게 할 것인지 가르치고, 인형놀이로 불안을 다독인 다음, 성공했을 때 주어질 보상을 기대하게 했다. 하나씩 살펴보자.

먼저, 자다 깼을 때 스스로에게 할 수 있는 혼잣말을 가르쳤다. 혼잣말은 자기 지시의 역할을 한다. 아이들은 혼잣말을 하며 스스로의 행동을 조절한다. 아빠를 따라 이렇게 말해보라고 했다.

"하나, 엄마 아빠는 옆방에 있어."

"둘, 아침이 되면 다시 만날 거야."

"셋, 나도 이제 혼자 잘 수 있어. 다섯 살이니까."

아이들은 좋다고 따라 했다. 큰 목소리로 여러 번 같이 복창했다.

다음으로, 인형놀이. 아이들은 흔히 다른 사물을 조절해보는 경험을 통해 자기를 통제하는 법을 배운다. 장난감 인형을 가르치기도 하고 돌보기도 하면서, 자기통제와 자기돌봄을 연습하는 것이다. 아이가 자는 방에 매트를 접어 작은 공간을 하나 만들어준 다음, 이렇게 이야기했다.

"자, 여기 방을 하나 만들었어. 이건 인형 집이야. 여기 너희가 좋아하는 친구들을 데려오자. 뽀로로도 데려오고, 크롱도 데려와. 그렇지. 곰돌이도 좋아. 그런 다음 이 친구들에게 오늘부터 너희들끼리 자는 거라고 이야기하는 거야. 하준이 하성이가 옆방에서 자니까 걱정하지 말라고도 이야기해주자."

상황이 주어지자 아이들은 재미나게 이야기를 하면서 놀았다. 놀랍게도 아이들은 방금 전 아빠가 했던 말들을 그대로 활용해 인형들을 달랬다. 엄마 아빠가 하듯 인형을 보듬었다. 혼자 잘 수 있을 거라고 인형들에게 힘을 북돋아주었다. 아이들의 말은 결국 아이들 스스로를 향하는 듯했다. 놀이를 통해 자기 문제를 객관화해볼 기회를 얻은 셈이었다.

마지막으로 보상. 아이들은 역시 아이들이다. 아낌없는 칭찬과 상이 필요하다. 행동주의(심리학에서 대상을 내면의 의식이나 정서가 아니라 자극과 반응의 관계 속에서 판단하려는 입장)에 기반한 억지 보상이 아닌 자발적 동기를 이끌어낼 무언가가 필요했

다. 뭐가 있을까. 아이들에게 물어보는 수밖에 없었다. 아이들은 변신 자동차 또봇이 좋겠다고 했다. 또봇, 또봇, 또봇. 우리 집에 이미 세 개나 있는 또, 또봇이라니. 잠시 머뭇거렸다. 아이들이 벌써 소비주의의 희생양이 된 건 아닌가 하는 의문을 던져보기도 했다. 하지만 어쩌랴. 내 입에선 이미 그러자는 대답이 나왔다.

"그래. 같이 한번 해보자. 3일 동안 너희끼리 자는 데 성공하면 또봇이 올 거야. 따로 자면 엄마 아빠가 또봇을 사줄게."

아이들은 환호했다. 그래서 어떻게 됐냐고?

아이들은 잘해냈다. 하준이는 아침까지 한 번도 깨지 않았고, 하성이는 두 번 깼지만 이내 잤다. 엄마 아빠 방으로 찾아온 건 딱 한 번이었다. 첫째 날 성공, 둘째 날도 성공, 셋째 날은 마침 아빠가 밖에서 회식이 있던 날이었는데 평소보다 조금 늦게 자긴 했지만 자기들끼리 놀다 잠자리에 잘 들었다고 했다. 성공이었다.

이튿날 아침 아이들은 또봇 포장지를 뜯으며 한껏 즐거워했다. 하준인 또봇C, 하성인 또봇R. "아빠 또봇 변신시켜줘!" 또봇 변신이 내 몫이 되리라는 예상은 뭐, 어쩔 수 없이 실현되고 말았지만 그래도 좋았다.

그렇게 그날 밤이 됐다. 따로 자기 시작한 지 나흘째 되는 날이었다. 아이들은 평소처럼 혼잣말을 연습하고, 인형들을 따로 재우는 의식을 했다. 자기 전 모든 활동이 하나하나 수월하게 진행됐다. 그러다 문득 하성이가 뭔가 부족하다는 듯한 표정으로, 기운 없이 이런 말을 중얼거렸다.

"또봇은 받았고……"

하준이는 또 이렇게 말했다.

"여섯 살부터 하면 좋은데……"

아내는 임신 34주에 들어섰다. 산부인과에 간 아내에게서 전화가 왔다. 좋은 소식 하나와 나쁜 소식 하나가 있다고 했다. 좋은 소식은, 임신 기간 내내 거꾸로 있던 아기가 바로 자리를 잡은 것. 다행이었다. 나쁜 소식은, 태동 검사를 해보니 임신 기간이 같은 다른 산모에 비해 자궁 수축이 지나치게 규칙적으로 나타난다는 점이었다.

'그래프가 산을 그리고 있다. 아기가 조금 더 내려오면 자궁문이 열리기 시작할 거다. 배 뭉침이 10분 내지 15분 간격으로 규칙적이면 병원으로 얼른 오셔야 한다.'

담당 선생님의 이야기를 듣고 아내가 겁을 집어먹었다. 갑자기 입원하게 될지도 몰라 짐도 미리 싸놓았다고 했다. 가능한 한 누워 있어야 하고, 무거운 것도 들지 말아야 하며, 아이를 안

아주어서도 안 된다. 절대 안정. 이게 아내가 받은 처방이었다.

아내는 배가 딱딱하게 뭉치는 느낌, 골반이 당기면서 밑으로 쏠리는 느낌에 대해 이야기했다. 그 느낌을 알 수 없는 나로서는 아내가 하는 말 그대로 받아들일 뿐이었다. 느낌으로 닿을 순 없지만 걱정은 같이했다. 말과 느낌 사이엔 틈이 있었다.

아내가 걱정하는 데는 이유가 있었다. 쌍둥이는 임신 35주에 나왔고, 셋째 때는 조기진통으로 응급실에 간 적도 두 번 있었다. 그중 한 번은 입원도 했다. '라보파'라는 조기진통 억제제를 투여받고서야 겨우 진정이 됐다. 이번에도 지난번처럼 갑자기 입원하게 되면 어쩌나 하는 걱정이 컸다.

그날 밤, 안방에서 쌍둥이를 재우고 한참 시간이 지났는데, 건넌방에서 계속 셋째 하영이의 울음소리가 들려왔다. 가봤더니 평소 잘 자던 하영이가 오늘따라 초롱초롱했다. 엄마는 아이를 안아줄 상황도, 업어줄 처지도 안 되는데 하영이는 도무지 잘 생각을 안 하고 있었다. 난감했다. 엄마가 모로 누워 아이를 토닥이는데 영문을 모르는 아이는 "안아, 안아" 하며 칭얼대기만 했다. 아내는 많이 지쳐 있었다.

"오빠들 자는 방 가서 같이 잘래?" 했더니 아이가 고개를 끄덕였다. 안방으로 데려갔다. 눕혀서 토닥이면 곧 잘 줄 알았는데 쉽게 잠들지 않았다. 자꾸 일어났다. 아이가 오빠가 베고 있는 베개를 가리켰다. 달라는 몸짓이었다. 그걸 빼서 자리에 펴주었더니, 그 위에서 엎어졌다 일어났다 했다. 장난이었다.

"코 자" 하면, 웃으면서 누웠다가 금세 다시 일어나곤 했다. 자리를 이리저리 옮겨다녔다. 아빠 왼편으로 갔다가 오른편으로 넘어가고, 아래로 갔다가 다시 위로 올라왔다. 이불 밑에 숨었다가 깔깔대며 이불을 젖히기도 했다. 안 되겠다 싶어 데려와 옆으로 눕힌 다음, 아이 손을 꼭 붙들었더니 이번엔 아빠 손 안에 자기 손을 넣었다 뺐다 했다. '쌀보리 놀이'였다.

한참을 그러더니, 이번에는 "어부"라고 했다. 업어줘도 문제였다. 업힌 상태에서도 자꾸 일어나려고 했다. 등에 기대라고 해도 잠시뿐, 몸을 계속 들었다 났다 하며 놀려고만 했다. 그렇게 30분이 갔을까 40분이 흘렀을까. 하는 수 없이 엄마가 누워 자는 작은방으로 다시 데려갔다.

나는 벽에 바짝 붙어 눕고, 아이는 나와 아내 사이에 눕혔다. 엄마한테 가보라는 뜻이었다. 아이는 엄마를 슬쩍 보더니 다시 와서 아빠 배 위로 올라탔다. 이번엔 '말타기 놀이'였다. 엉덩이로 아빠 배를 쿵쿵 내리칠 때마다 입에서 터져나오는 소리를 겨우 참았다. 엄마에게 떠밀긴 했지만 한편으론 잘 자는 엄마를 굳이 깨울 필요가 있나 싶기도 했다.

아이 눈을 똑바로 보고 "아빠 이제 잘 거야"라고 선언했다.

아이는 잠시 나를 빤히 보더니 배에서 내려갔다. 나는 그대로 누워 시체처럼 하고 있었다. '지루하게, 아주 지루하게, 최대한 지루하게.'

모른 척하고 있으니 엄마한테로 가서 "어부~바"를 했다. 엄마도 자고 있었다. 아내가 그때 정말로 자고 있었는지, 잠든 척하고 있었는지는 잘 모르겠다. 흥미를 잃은 아이는 마침내 발 하나를 내게로 뻗어 갖다 대고, 손은 제 엄마에게 얹은 채 뒤척였다.

건드려도 무시. 발로 차도 무시. 차츰 움직임이 잦아들었고,

이내 하품 소리가 났다. 희망의 조짐이 보였다. 아이는 한 차례 숨을 몰아쉬더니 곧 숨을 고르게 쉬기 시작했다. 서서히 잠이 들고 있었다. 나도 모르게 긴 한숨을 내쉬었다. 평화가 찾아왔다. 시계를 봤더니 11시가 넘었다. 자려고 누웠는데 더이상 잠이 오지 않았다.

『울리지 않고 아이 잠재우기』
엘리자베스 팬틀리 지음, 강병철 옮김, 김영사, 2008

달래도 보고, 먹여도 보지만, 도무지 아이가 잠들지 않는 날이 있다. "제발 좀 자자"고 해도 아이 눈은 말똥말똥하다. 부모에게 제 뜻을 전하지 못해 답답하기는 아이도 매한가지일 것이다. 불편이 차오르면 아이는 울음을 터뜨린다. 하지만 부모는 여전히 아이 속을 가늠하기 어렵다. 업어달라는 것인지, 배고프다는 것인지, 춥다는 것인지 알 수 없어 애가 탄다. 그렇게 한참을 보내고 나면 부모 역시 한계에 도달한다. 정말이지 아이와 담판이라도 지어야 할 것 같은 기분이 든다. '그래, 어디 누가 이기나 한 번 해보자' 하고 아이를 한껏 울려보기도 한다. 10분, 20분, 아이가 우는 시간이 길어질수록 부모는 더할 나위 없이 초조해진다. 아이가 크게 울 적마다 머릿속에선 아이 뇌가 활활 타오르는 그림이 그려지고, '엄마, 나한테 왜 이러는 거야'라고 부르짖는 소리가 들리는 것만 같다. 회의와 불안 속에서 어쩔 수 없이 아이를 다시 안게 된다. 아무것도 할 수 없는 자신이 문득 초라하게 느껴진다. 이런 경험을 반복하다보면 부모는 점점 더 밤을 두려워하게 된다.

매일 밤 부모 속은 타들어가는데 주위에서 한마디씩 거든다고 하는 말들이 오히려 부모에게 더 큰 부담을 안기는 경우도 많다. '엄마가 너무 물러터졌다'거나 '엄마가 문제를 만들고 있다'는 식의 조언이 특히 그렇다. 안 그래도 아이가 잘못되면 제 탓을 하는 게 부모 심정인데, 섣부른 조언은, 설령 좋은 의도에서 비롯됐다 하더라도 부모의 기분을 상하게 한다. 문제를 해결하는 데 도움이 되지 않는 것은 물론이다.

아이는 다 다르다

아이에게 잠 문제가 있다고 해서 그게 꼭 부모 탓이라 말할 순 없다. 아이를 여럿 키워본 부모들에게 물어보면 하나같이 아이들이 '달라도 너무 다르다'는 말을 한다. 쌍둥이만 키워봐도 그 차이가 확연하다. 아이의 기질에 따라 잠버릇이 다르고, 자고 깨는 양상도 크게 다르다. 특별히 예민하거나 고집이 센 아이는 느긋하고 순한 아이보다 밤에 더 잘 깨는 경향이 있다. 아이의 발달 단계에 따라서도 수면 양상이 달라진다. 잘 자던 아이가 일상의 작은 변화에 수면 패턴이 깨지는 것도 종종 있는 일이다. 최근에 이사를 했거나, 동생이 태어났거나, 멀리서 할아버지 할머니가 찾아오는 등의 사소한 일에도 아이의 잠은 미묘하게 변한다.

우리가 흔히 잘못 알고 있는 게 한 가지 있다. 대개 아이가 밤에 자주 깨는 게 문제라고 생각하는데, 실은 그렇지 않다. 누구나 밤새 네다섯 번은 깬다. 수면은 얕은 수면부터 깊은 수면까지 주기적으로 단계가 바뀌는데 그 사이사이에 누구나 짧은 각성을 경험한다. 다만 어느 정도 나이가 들면 그러한 각성을 의식하거나 기억하지 못해서 마치 깨지 않는 것처럼 느낄 뿐이다. 아이 입장에서 보면 밤새 깨지 않고 자는 게 기본이 아니라, 컵으로 물 마시는 걸 배우듯 깼다가 다시 자는 법도 배워나가야 할 일이라는 말이다. 아이는 수면 단계 사이사이를 이어붙이며 자는 법을 배워야 한다. 언젠가 모든 아이는 혼자서도 깨지 않고 잘 자는 법을 배우게 될 것이다. 하지만 아이마다 배우는 속도는 다르다. 익히는 방식도 다를 수 있다.

아이 재우는 법도 다 다르다

세상에 아이 재우는 방법이 어디 한둘뿐일까. 잘 자게 하는 방법은 나라마다, 문화마다, 집집마다 다르다. 전문가들의 견해도 제각각이다. 어떤 이는 울리지 말고 부드럽게 달래서 천천히 재워야 한다고 하고, 다른 이는 울게 내버려두면 지쳐 잠들게 된다고 한다. 각각의 훈련법은 나름의 일리가 있고 그 방법으로 효과를 본 부모도 많지만 한계도 뚜렷하다. 어느 하나만을 선택해 밀어붙이기에는 위험이 따른다.

특히, 울려서 재우는 방식과 울지 않게 달래가며 재우는 방식 사이의 대립은 많은 부모를 헷갈리게 한다. 두 방법은 사실상 서로를 보완한다. 꼭 상충하는 것으로 볼 필요는 없다는 말이다. 한편으로는 아이의 울음에 바로 반응하기보다 잠시 멈춰 기다릴 수 있어야 하고, 다른 한편으로는 아이의 신호에 민감하게 반응하며 부드럽게 달랠 줄도 알아야 한다.

단순한 잠투정과 완전히 잠에서 깬 것을 구분할 필요도 있다. 잠깐 깨서 투정하는 것이라면 부모가 바로 달려가지 말고 잠시 멈춰 그 소리를 들으며 기다리는 게 좋다. 하지만 아이가 완전히 잠을 깨서 부모를 절박하게 찾는데도 지나치게 오래 울도록 내버려두는 것은 좋지 않다. 아이가 장시간 울면 스트레스 호르몬이 다량으로 분비되고, 아이 뇌의 스트레스 반응체계가 과민해진다. 혼자 울게 내버려두면 결국 지쳐 잠들긴 하겠지만 결코 좋은 방법은 아니다. 이렇게 정답이 없는 문제일수록 한쪽으로 치우친 조언만 받아들여서는 곤란하다. 아이의 요구와 부모의 욕구 사이, 아이의 바람과 부모의 필요 사이에서 균형을 잡는 지혜가 요구된다.

아이 잠 문제에 있어 기준으로 삼을 만한 육아서를 하나 고르라면, 엘리자베스 팬틀리Elizabeth Pantley의 책을 우선으로 꼽고 싶다. 팬틀리가 쓴『우리 아기 밤에 더 잘 자요』는 주로 돌 전 아이에 초점을 맞추고 있고, 『울리지 않고 아이 잠재우기』는 걸음마기부터 유치원 시기의 아이들을 대상으로 한다. 두 책 모두 저자의 경험에서 우러난 풍부한 조언들을 담고 있다.

책을 차분히 읽어가다보면, 아이들 잠 문제에 도통한 선생님으로부터 세밀한 가르침을 받고 있는 듯한 기분이 든다. 어느새 책 여기저기 밑줄을 그으며 읽게 되고, '이런 방법이 있었구나' 하며 무릎을 치게 될 때도 있다. 팬틀리는 가르칠 건 다 가르치면서도 학생의 생각을 깊이 존중하는 선생님 같다. 당장 실천해볼 수 있는 여러 방법들을 구체적으로 제시하면서도, 선택은 부모의 몫으로 남겨둔다. 어차피 모든 걸 한 번에 다 할 순 없다. 부모는 여러 제약 속에서 제한된 선택을 한다. 팬틀리의 미덕은 전체적인 맥락과 세부사항을 놓치지 않으면서도 부모의 실제 상황을 고려하는 균형 감각을 갖추고 있다는 점이다.

팬틀리는 우선 기본에 충실해야 아이 재우기가 쉬워진다고 말한다. 『울리지 않고 아이 잠재우기』에서 팬틀리는 아이 재우기에 필요한 여덟 가지 기본 요령을 매우 상세하게 소개하고 있다. 자고 일어나는 시간을 일정하게 유지하는 것에서부터 낮잠 재우기, 쾌적한 수면 환경 마련하기, 잠에 도움 되는 음식 소개에 이르기까지 꼭 필요한 지침들을 요목조목 충실히 나열하고 있다. 나중에 찾아보기에도 좋고, 한 번에 읽어나가면서 알고 있는 내용을 점검하기에도 용이하다. 꼼꼼히 읽다보면 현재 상태에서 개선할 요소를 발견할 수 있을 것이다.

실제로 우리집에서도 이 책의 조언에 따라 취침 한 시간 전부터 집안 조명을 어둡게 하고 조금 낮은 조도의 조명 아래서 그림책을 나긋하게 읽어주었더니 아이들이 훨씬 일찍 잠드는 것을 볼 수 있었다. 현재 우리집 아이들은 밤 8시쯤 잔다. 한 달 전만 해도 10시 넘어 잤던 아이들이다.

팬틀리는 아이 재우기를 100조각짜리 퍼즐 맞추기에 비유한다. 어떤 식으로 퍼즐을 맞춰나가든 상관은 없지만, 테두리를 먼저 맞추는 게 전체를 완성하는 빠른 방법이다. 책에서 소개하는 기본 요령들이 바로 테두리 조각에 해당한다. 팬틀리는 약한 달간 이 요령들만 꾸준히 실천해봐도 좋을 것이라고 말한다. 이런 기본 바탕 위에서 저자가 제안하는 몇 가지 창의적인 방법들을 동원하면 아이 재우기가 그리 어렵지만도 않을 것이다.

이 책은 특히 부모가 곁에 있어야 잠드는 아이, 밤에 자주 깨는 아이, 밤중에 부모 곁으로 오는 아이를 어떻게 도와줄 것인지 매우 세밀하게 다루고 있다. 가령, 팬틀리는 자다 깨서 밤중에 부모에게 오는 아이가 있다면 다음 방법을 시도해보라고 권한다.

먼저, 아이에게 부모 방에 들어오는 것까지는 괜찮지만, 엄마 아빠 옆에 딱 붙어 잘 수는 없다고 말한다. 대신 옆에 작은 자리를 하나 더 마련해줄 테니 거기서 자는 것은 괜찮다고 이야기한다. 부모가 자는 곳 옆에 간단하게 요와 이불을 깔아놓은 다음, 낮에 미리 보여주고 연습을 시킨다. "밤새 계속 네 방에서 자는 것이 더 좋지만, 그래도 꼭 오고 싶으면 이 특별한 자리로 와서 자는 것은 괜찮단다. 꼭 기억할 것은, 엄마 아빠 방에 들어올 때는 '생쥐처럼 조용히' 들어와야 한다는 거야. 엄마 아빠 깨우지 말고 가만히 네 자리로 들어가 눕는 거지." 이렇게 낮 동안 몇 차례, 잠들기 직전에도 한 번 더 연습을 한다. 연습을 하지 않으면 무심코 부모를 깨우게 된다. 미리 리허설을 해두면 밤에도 성공할 가능성이 높아진다. 일단 여기 익숙해지면, 그다음 단계로 원래 자기 방에서 밤새 자게 하기가 훨씬 쉬워진다고 한다.

이 방법 외에도, 주말과 주중을 분리해 주중 세 번 이상 자기 자리에서 잘 자면 주말에는 부모와 함께 잘 수 있게 해준다든지, 또는 매우 수고로운 방법이긴 하지만, 아이가 깨서 올 때마다 몇 번이고 돌려보내는 등의 방법을 세밀하게 일러주고 있다. 어떤 방법을 선택할 것인지는 부모의 몫이다.

부모가 먼저 준비되어 있어야 한다

팬틀리는 시종일관 부모 편에 선다. 혼자 자는 버릇을 들이기에 적당한 나이나 시기, 상황 같은 것은 없다고 단언한다. 전적으로 부모의 선택에 달려 있으며, 부모가 준비가 됐다면 '준비 완료'라는 것이다. 미리 기한을 정해둘 필요가 없는 이런 일은 자연스럽게 풀어가는 게 바람직하며, 무엇보다 여유를 가지라고 조언한다.

부모는 때때로 자기감정을 돌아볼 수 있어야 한다. 아이를 떨어뜨려놓지 못하는 원인이 어디에 있는지 곰곰이 돌이켜볼 필요가 있다. 아이의 잠 문제로 찾아온 부모를 만나보면, 아이의 불안도 문제지만 부모의 불안이 더 큰 경우도 심심치 않게 목격한다. 부모가 먼저 자신의 불안을 다독이면서 지금 이 시점에서 정말로 원하는 게 무엇인지 자문해볼 필요가 있다. 자기 자신을 납득시키지 못하면서 아이를 설득하기란 매우 어려운 일이다.

부모가 먼저 목적지를 분명히 정할 때 아이에게 어디로 가야 할지 확신 있게 전할 수 있다. 그다음은 여유를 가지고 아이와 함께 꾸준히 가면 된다.

잠은 소멸의 연습이다. 어떤 문화권에서는 잠을 가리켜 '작은 죽음'이라 부르기도 한다. 벚꽃이 피기 시작하면 아름답다 생각하는 것도 잠시, 눈을 들어보면 어느새 꽃이 지고 있는 것처럼, 아이의 유년기도 그리 길지 않다. 극히 짧은 시간 속에서 아이다운 티가 빠르게 흩어져간다. 아이 혼자서도 잘 자게 된다는 것은 어쩌면 아이의 유년기가 거의 끝나간다는 뜻이기도 하다. 어느 순간 아이가 훌쩍 커서 당당히 자기 방에서 혼자 자겠다고 하면 조금은 서운할지도 모르겠다. 지금의 시간이 너무 괴로워 빨리 지나갔으면 하고 간절히 바라다가도, 때로는 잠시 시간을 멈추어놓고 싶다는 생각도 든다. 모순도 이런 모순이 없다. '더 빨리'를 바라는 마음과 '더 천천히'를 바라는 마음이 한데 뒤엉켜 있다.

물론, 누가 뭐래도 잠 못 자는 일만큼 괴로운 일은 없다. 원래 잠이 많은 나 같은 사람은 특히 더 그렇다. 아이 잠 문제로 골치를 썩는 부모들에게 오늘밤은 역시나 또하나의 전쟁터가 될 것이다. 사색은 사색이요, 현실은 현실이다. 감상에 젖어 있을 틈이 없다. 지금 이 순간에도 '이 또한 지나가리라'를 숱하게 외치며 오늘밤을 지킬 수많은 부모가 있을 것이다. 그들을 응원한다.

걱정해야 할 때와 걱정하지 않아도 될 때

오후에 환자가 별로 없어서 한 시간 일찍 퇴근했다. 일찍 들어간다고 전화를 했더니 아내가 아이들을 데리고 마중을 나왔다. 셋은 걷게 하고, 하나는 유모차에 태워서. 마중나온다는 말은 없었기에, 전혀 기대도 못 했었다. 이 생각 저 생각을 하며 무심코 걷다가 "아빠!" 소리를 듣고 정신이 들었다. 반가움에 눈이 번쩍 뜨였다. 하준 하성이가 먼저 뛰어와 안겼다. 한 팔에 한 녀석씩 둘을 번쩍 안아 올렸다. 이제 제법 무게가 나가 힘에 겨웠지만, 아무래도 좋았다. 하영이까지 만면에 웃음을 머금고 뒤뚱거리며 달려왔다. 높이 들어 안아주었다.

결혼이 현실이라면, 육아는 현실의 할아버지쯤 된다. 아이 키우는 일은 만만치가 않다. 손이 안 가는 데가 없다. 부모가 된다는 건, 수없이 많은 기다림과 초조, 가슴 철렁한 일들과 자신을 시험하는 여러 순간들을 감내하는 일이다. 그럼에도 불구하고, 아이 키우는 일에는 분명 비현실적으로 낭만적인 구석이 있다. 아이에게 폭 빠지면 세상의 모든 연애마저 시시해진다. 아이들이 보여주는 환한 웃음의 매력은 압도적이다. 활기찬 아이의 모습을 보면 고된 노동의 피로가 어디론가 달아나고 마음속 구겨진 데가 잠시나마 펴진다. 아이가 전에 못했던 것을 하나씩 해내는 모습을 보면 어디선가 힘이 난다. 아이는 때로 부모를 '치유'한다.

특히 아이가 처음으로 하는 행동들을 볼 때 부모가 느끼는 기쁨은 비할 데가 없다. 아이가 처음으로 뒤집고, 처음으로 혼자 서고, 처음으로 두서너 걸음을 내딛고, 어설픈 발음으로 엄마 아빠를 부르기 시작할 때 부모는 신세계를 맛본다.

나 역시 그랬다. 따로 육아 일기를 쓰지는 않았지만 그날 아이에게 있었던 새로운 일들을 짧게라도 SNS에 남겨두곤 했다. 글자 수의 제한이 있어 많은 이야기를 담을 순 없었지만, 나중에 모아 시간순으로 늘어놓으니 아이의 발달이 그대로 드러나 보였다. 나름 기록의 가치가 있었다. 다음은 그중 일부다. 쌍둥이는 2010년 1월생이고, 셋째는 2012년 10월생이다.

2010년 10월 27일(10개월)

내 아이들의 옹알이를 듣는다. 엄마, 엄맘마, 아빠, 아빠빠. 나도 생의 첫 단어들을 불러본다. 한동안 불러보지 못한 말이다. 엄마…… 아빠……

2011년 3월 19일(15개월)

처음은 늘 그렇다. 뒤뚱뒤뚱, 아장아장, 꽈당. 오늘 처음으로 아이가 걸었다. 나는 신나서 껄껄 웃었고, 아내는 행복해하며 눈물을 흘렸다.

2011년 4월 28일(16개월)

하준이는 그림책 『사과가 쿵』을 좋아한다. "커다란 커어다란 사과가"라고 하면 아빠 얼굴을 빤히 보다가 내가 "쿵!" 하고 소리를 내면 정말 좋아한다.

2011년 6월 4일(18개월)

우리집 아가들은 슬랩스틱 코미디를 좋아한다. 아빠가 우당탕탕 넘어지는 흉내를 내면 두 녀석 모두 까르르 웃

으며 넘어간다. 밖에서는 짐짓 점잖은 척하는 아빠라도
집에선 별수 없다. 희극배우 흉내를 낸다.

2011년 6월 23일(18개월)

아이들이 미끄럼틀에 쏙 빠졌다. 엉덩이 대고 앞으로도
타고, 배를 깔고 뒤로도 탄다. 한쪽 엉덩이로도 탄다.
높은 데 올랐을 때의 긴장을 내려오며 발산한다. 속도
감, 짜릿함, 어지럼. 안정된 감각의 파괴를 즐긴다.

2011년 6월 24일(18개월)

아가들이 텔레토비 에피소드 중 〈빅 허그〉 편을 무척 좋
아한다. 텔레토비들이 문으로 들어가서 안 보이게 됐다
가 다시 나타나고 또 사라지는 과정을 재미있게 본다.
텔레토비가 문으로 사라지면 "헤헤" 웃으며 아빠를 쳐
다본다.

2011년 8월 11일(20개월)

아이들 걸음이 익숙해지니 줄로 끌고 다니는 장난감을
좋아한다. 고장난 키보드를 내줬더니 내내 끌고 다니며
깔깔대고 웃는다. 키보드를 자기가 끌겠다고 둘이 아옹

다옹하는 걸 보다가 출근
했다.

. . . .

2012년 1월 6일(25개월)

아이와 통화를 하다가 "곧
갈게"라고 했더니 아이가
"그래 빨리 가"라고 말하
고 끊었다. 아직은 오고가
는 걸 잘 구분하지 못한다.

. . . .

2012년 4월 29일(28개월)

만나는 모든 것에 인사를 하는 아이들은 외출할 때면 집
에게도 인사를 한다. "집아, 빠이빠이. 이따 봐."

. . . .

2013년 2월 3일(38개월)

아이들은 어떻게든 자기를 보여주고 싶어한다. "아빠
이것 좀 보세요" 하더니 데구루루 앞구르기를 시도한
다. 칭찬해주었더니 "또 보세요" 하면서 점프 후 연속동
작으로 앞구르기를 한다. 목이 다칠까봐 순간 깜짝 놀
랐다. 실제로는 별일 아니지만 이런 게 또 부모에겐 별

일이 된다.

<hr>

2013년 4월 15일(40개월)

아내가 아이들을 데리고 며칠 친정에 다녀오기로 했다. 아침에 아이들을 보고 "아빠가 너희 보고 싶어 어쩌니" 했더니 하성이가 "에이, 아빠도 참. 전화하면 되잖아요" 한다. 내가 '이 정도겠지' 할 때 아이는 늘 저만치 가 있다.

<hr>

2013년 9월 3일(45개월)

아이가 일어나자마자 공룡 브로마이드를 찾는다. 종이에 공룡 그림을 그려주었더니 아이는 거기에 자기만의 색과 칠을 더하며 '변신'을 시켰다. 얼마 전까지만 해도 책에서 공룡이나 괴물이 나오면 무서워하며 그 페이지를 휙휙 넘겨버리더니 이제는 가지고 논다.

<hr>

2014년 4월 8일(53개월)

집에 와 컴퓨터 앞에 앉았는데 마우스패드 위에 제비꽃 다섯 송이가 놓여 있다. 아이들이 유치원 갔다 돌아오는 길에 아빠 보라고 따왔단다. 꽃은 그새 조금 시들어 있다. 고맙다고 말할 새도 없이 아이들은 벌써 잠들었다.

2014년 6월 6일(55개월)

긴 연휴 끝에 아이가 엄마보고 이렇게 말한다. "우리 유치원 안 가니까 엄마 힘들죠?" 어른들이 그렇게 이야기하는 걸 들었냐니까 "내가 생각한 건데……"라고 한다. 기특한 건지, 눈치를 보는 건지 갈피를 잡을 수 없다. 제법 컸다.

🔖 하영이에 대한 기록

2012년 11월 8일(1개월)

셋째 출생신고를 했다. 한글 이름 석 자와 열세 자리 주민등록번호. 아이가 평생 쓰게 될 이름과 번호가 이렇게 정해졌다. 아끼는 마음을 담아, 몇 번 소리 내어 읽어보았다.

아침에 웃다 나왔다. 6개월 된 아기가 배밀이하는 걸 지켜봤다. 제딴에는 앞으로 가보겠다고 열심히 배밀이를 하는데 자꾸 뒤로, 뒤로만 갔다. 그 장면을 생각하면 오늘 하루 몇 번은 더 웃을 수 있을 것 같다.

2013년 5월 3일(7개월)

셋째가 세상에 나온 지 200일이 지났다. 이제는 혼자서도 곧잘 바닥에 앉아 있을 수 있다. 장난감 전화기를 눈앞에 가져가니 오른손으로 잡았다가 왼손으로 옮겼다가 다시 오른손으로 옮겨 쥐었다. '눈―손 협응'이 되기 시작했다. 이 모든 게 당연하면서도 경이롭다.

2013년 8월 29일(10개월)

셋째가 10개월 됐다. 방에서 나갈 채비를 하고 있는데 기어와서는 나를 보고 미소지으며 소리를 낸다. "압, 아바, 아빠." 옹알이로는 전에도 여러 번 들었지만, 눈 맞추면서 "아빠" 하는 건 처음 봤다. 알고 한 것인지 모르고 한 것인지는 모르겠다. 아이를 들어올려 꼭 안아주었다.

셋째를 보면 그 위 쌍둥이 오빠들을 반반씩 닮았다. 이가 제법 많이 났다. 윗니는 하성이처럼 듬성듬성, 아랫니는 하준이처럼 촘촘하게 났다. 그러고 보면 윗니는 아빠, 아랫니는 엄마를 닮은 것 같기도 하다. 하여간 신기하다.

아이가 소파 위로 올라가려고 안간힘을 쓴다. 한 발을 들어올려 소파에 걸친 다음 있는 힘껏 잡아당기면서 균형을 맞춘다. 위로 올라가는 데 겨우 한 번 성공했다. 그 다음은 계속 실패한다. 그래도 또 한다. 같은 걸 수십 번 반복한다. 13개월 아가의 일상이다.

셋째가 태어난 지 14개월 반이 됐다. 오른손에 작은 책 한 권을 들고 중심을 잡더니 처음으로 자기 혼자 걸었다. 가까스로 네 걸음을 내딛고 주저앉았지만, 그사이 아이 엄마는 큰 소리로 환호했고, 네 살 난 쌍둥이 오빠들 역시 같이 웃으며 박수쳐주었다.

2014년 3월 19일(17개월)

하영이가 책장에서 시계 매뉴얼을 집었다. 아주 작은 책 같은 모양이다. 페이지 넘기는 게 재미있는지 연신 넘기며 논다. 아이가 페이지를 넘기면 아무렇게나 읽어 줬다. "아빠는 하영이가 좋아요." 아이가 페이지를 넘기며 웃는다.

2014년 3월 20일(17개월)

셋째가 제 입으로 할 줄 아는 단어는 고작 스무 개 남짓이다. 엄마, 아빠, 밥, 물, 코, 까꿍 등. 아침에 아이가 엄마 핸드폰을 아빠에게 건네주며 이렇게 말했다. "까톡!" 17개월 된 아이가 "까톡까톡" 하며 거실 여기저기를 돌아다니고 있다.

요새 우리 부부는 간혹 아이들에 대해 조급한 마음이 들곤 한다. 우리집 쌍둥이는 어설프게 통단어로 몇몇 낱말을 읽을 수 있을 뿐, 아직 제 스스로 책을 읽지는 못한다. 본격적으로 가르쳐보지도 않았다. 주위를 둘러보면 다섯 살 아이들 중에 글 읽는 아이도 제법 많다. 붙잡고 가르쳐야 하지 않나 하는 생각이 들곤 한다. 가르친다면 언제부터? 그것도 고민이다.

아내가 아이의 유치원 친구 엄마들을 만나고 오고부터는 부쩍 더 조급한 마음이 든다고 했다. 같은 개월인데 키가 우리집 아이들보다 머리 하나는 더 큰 아이들이 있단다. 일찍부터 축구단에 보내 운동을 곧잘 하는 아이도 있는 모양이었다. 우리 아이들은 오는 공도 제대로 못 받는데 다른 아이들은 대놓고 뻥뻥 잘 찬다고 했다. 우리집 아이들이 세발자전거를 탈 때 다른 집 아이들은 보조바퀴가 달린 두발자전거를 연습하고, 따로 클레이, 블록 수업 등을 받기도 한다고 했다. 텔레비전에 나오는 또래 아이가 영어 단어를 줄줄 말하고 외국인과 대화하는 모습을 보면 어서 빨리 영어도 가르쳐야 하지 않나 걱정이 든단다.

아이가 뒤처지는 느낌이 들 때면 부모는 쉽게 불안해진다. 미묘하게 경쟁심이 자극되면 마음이 편하지가 않다. 세상이 그렇게 만들기도 하고, 부모 스스로 주변과 비교하다 그렇게 되기도 한다. 우리 부부도 자주 그런다. 아이에게 좀더 나은 기회를 마련해주고 싶은 마음에 이것도 시키고 저것도 시켜야 하지 않나 고민이 되는 게 사실이다. 걱정 말라고, 알아서 큰다고 조언하는 사람도 있지만 "걱정하지 마세요"라는 말은 함부로 할 수 있는 말이 아니다. 걱정해야 할 때와 걱정하지 않아도 될 때를 아는 건 결코 쉽지 않다. 하물며 끊임없이 변화하는 아이들에 대해서는 더더욱 그렇다.

하지만 아이의 발달을 가만히 되돌아보면, 아이들은 뭐든 잘 배울 수 있는 때가 있는 것 같다. 한 달 전까지만 해도 거들떠보지도 않던 장난감을 어느새 신나게 가지고 노는 아이들을 보면서, 세상에는 억지로 만들어줄 수 없는 게 많다는 걸 새삼 느끼곤 한다. 조급해질 때마다 마음을 다잡고 중심을 지켜야겠다는 생각을 한다. 부모가 모든 걸 다 해줄 수는 없다. 오늘도 이렇게 마음을 다잡는다. 모든 일에는 때가 있는 법이라고, 아이의 때를 기다려주어야 한다고.

『아이들은 왜 느리게 자랄까』
데이비드 F. 비요크런드 지음, 최원석 옮김, 알마, 2010

가끔 생각나면 들춰보는 사진집 『윤미네 집』은 볼 때마다 다른 느낌으로 다가온다. 사진을 좋아하고 가족을 사랑하던 한 사내가 있었다. 토목공학자이기도 했던 고故 전몽각씨가 그다. 전씨는 첫째 딸인 윤미씨가 태어난 1960년대 중반부터 윤미씨가 결혼해 미국으로 떠난 1980년대 후반까지 가족의 일상을 필름에 담았다. 그저 단란한 한 가족의 일상을 담은 사진들일 뿐인데도 그 장면들이 하나같이 정직하고 자연스러워서, 한 번 잡으면 나도 모르게 푹 빠져서 보게 된다. 사진만 쓱 훑어보면 5분이면 볼 수 있는 사진집이지만, 그 무게는 결코 가볍지 않다. 그 안에

압축된 시간은 1964년부터 1989년까지 장장 25년에 이르기 때문이다. 한 장 한 장 빠르게 넘기며 보기가 죄송할 정도다. 그 세월 아이들의 성장과 가족의 변화가 사진들 속에 고스란히 담겨 있다.

가령, 윤미씨가 세 살 때, 공기놀이하는 동네 언니들 곁에 붙어 앉아 있는 모습을 찍은 사진에는 이런 설명이 붙어 있다. 무려 1966년의 이야기다. "윤미와 동네 산책을 하는데 윤미는 동네 언니들 공기놀이에 관심이 많다. 저도 한몫 끼겠다지만 통할리가 없고 호되게 애들한테 야단만 맞는다. 집에서야 저 하고 싶은 것 다 할 수 있지만. 그것이 그토록 서러워, 좋아하는 얼음 과자도 안 통하고 저녁 내내 울어댔다. 윤미도 이제부터 사회생활을 시작하는 것이다."

윤미씨가 처음 초등학교에 입학하던 날을 찍은 사진에는 이런 말이 붙어 있다. "드디어 윤미가 초등학교에 입학을 했다. 혼자서 처음 학교에 가던 날 나는 학교가 보이는 언덕까지 멀찌감치 뒤따라갔다. 이제부터 공부, 공부 할 테지…… 학교란 그런 곳 아닌가."

마지막에는 윤미씨의 연애 시절을 담은 사진이 두 컷 포함되어 있다. 애틋한 부정父情이 느껴지는 이 사진집의 백미다. 이런 설명이 붙어 있다. "윤미의 짧은 연애 시절이었지만 그 행복한 한때를 기록하고 싶었다. 몇 미터 그들 뒤를 따르면서 나대로 사진을 찍을 테니 아빠를 의식하지 말 것, 평소대로 행동할 것을 약속하고 하루를 할애받았었는데 두 시간 만인가 나는 먼저 집으로 돌아와버렸다. 너무나 방해가 되는 것 같아서."

느린 성장은 우성의 자질이다

부모의 사랑이 이렇듯 애틋하게 느껴지는 건, 20여 년이 넘는 긴 시간을 배경으로 하기 때문인지도 모른다. 아이는 천천히 자라고, 부모는 자신의 아이를 오랜 시간에 걸쳐 키워낸다. 육아에 이렇게 많은 시간을 투입하는 종은 지구상 어디에도 없다. 막 태어나 목도 잘 못 가누는 아기를 어느 정도 제 앞가림을 하는 성인이 되기까지 키워내는 건 결코 쉬운 일이 아니다. 아이가 부모의 수고를 일일이 알아주느냐 하면 꼭 그렇지도 않다. 제 뜻대로 되지 않으면 도리어 반항하고 걸핏하면 말대꾸도 한다. 부모들을 만나보면 하나같이 아이 키우는 일이 보람도 되지만 무척 힘들다고 이야기한다. 육아는 사람이 할 수 있는 일 중 매우 오랜 시간을 필요로 하는, 고되고 창조적인 일에 속한다.

인간의 아기는 왜 이렇게 느리게 자랄까. 아이 키우는 데 왜 이렇게 오랜 시간이 소요될까. 데이비드 F. 비요크런드David F. Bjorklund는 이 단순한 질문에 한 권의 책으로 길게 답한다. 『아이들은 왜 느리게 자랄까』에서 그는 사람의 '느린 성장'이 우연이나 자연이 만들어낸 실수가 아니라 사람의 성장에 아주 적합한 특성이라고 말한다. '느리다'라는 특징이 환경에 더 잘 적응할 수 있는 우성의 자질이라는 뜻이다. 의외의 말이다. 하지만 설명을 들어보면 고개가 끄덕여진다.

인간은 끊임없이 배우고 스스로를 변화시킴으로써 살아남았다. 살아남았을 뿐만 아니라 지구상에서 생태학적으로 우세한 종이 되었다. 인간의 생존과 번영은 유연한 뇌 덕분인데, 비요크런드는 인간의 이런 자질이 역설적으로 미숙한 출생과 긴 아동기 덕분이었다고 주장한다.

성숙한 뇌를 가지고 태어난다는 것은 태어날 때 이미 많은 부분이 결정되어 있다는 말과 같다. 다른 많은 동물들이 그렇다. 반면, 인간의 뇌는 높은 가소성을 지녔다. 뇌과학에서 말하는 가소성이란 뇌의 변화 가능성을 의미한다. 미숙하게 태어났지만, 가소성 덕분에 언제든 환경 변화에 적응할 수 있는 여지가 있는 것이다. 이것이 인간의 힘이다. 이런 관점에서 보자면, 인간의 적응력은 미성숙을 대가로 얻어낸 결과다.

아이가 아이다운 데는 이유가 있다

미숙한 생각과 행동이 아이에게는 오히려 이득이 될 때도 많다. 가령, 어린아이의 생각은 '자기중심성egocentricism'을 특징으로 한다. 네 살 아이와 통화하면서 "오늘 무슨 옷 입었어?"라고 물으면 아이는 자기가 입고 있는 옷을 내려다보며 "이거요"라고 답한다. 순진무구한 대답이다. 아이는 아직까지 상대방의 관점을 고려하지 못한다. 하지만 이런 특성에는 나쁜 면만 있는 게 아니다. 아이는 자기가 겪은 경험과 자신을 연결해서 생각할 때 가장 잘 배울 수 있다. 자기중심성이 학습을 촉진하는 것이다. 아이가 아이다운 데는 다 이유가 있다.

혼잣말도 마찬가지다. 아이들은 놀이를 할 때 종종 혼잣말을 중얼거리곤 한다. 쓸데없어 보이지만 이런 혼잣말은 아이의 주의력을 유지하고 행동을 이끌어가는 데 의외로 중요한 역할을 한다. 아이는 혼잣말로 자신이 다음에 해야 할 행동을 지시하는 것이다. 행동을 조직하고 문제를 해결하는 데 중얼거림이 도움이 된다. 어른 역시 새로운 문제에 맞닥뜨렸을 때는 속으로 혼잣말을 하거나 간혹 소리 내 말하며 문제를 해결하곤 한다. 아이다운 특징이 어른에게도 도움이 될 때가 있다.

아이가 말을 배우는 데도 아이의 미숙함은 도움이 된다. 아이의 뇌는 한 번에 처리할 수 있는 정보의 양이 제한되어 있다. 아이는 여러 말을 들어도 그중 일부만 뽑아내 머릿속에 담아두고, 그걸 바탕으로 차츰차츰 규칙을 배워나간다. 수용하는 언어 정보를 축소시켜 단순화한 다음, 반복을 통해 서서히 말을 익혀나가는 것이다. 언어 습득에 관해서라면, 초기에는 적은 것이 많은 것보다 낫다. 정보량을 제한해야 습득 능력이 높아진다. 반면, 어른들은 흔히 문법을 먼저 익히고 여러 유형의 문장을 머릿속에 담아두는 방식으로 다른 언어를 배운다. 다방면으로 노력해보아도 언어 학습의 최종 결과는 아이만 못한 경우가 많다. 아이의 부족함이 때론 어른의 명석함보다 낫다.

아이가 자신의 능력을 과대평가하는 것도 발달에는 어느 정도 긍정적인 영향을 미친다. 아이에게는 엉뚱한 자신감이 있다. 아이는 배우면 무엇이든 알 수 있고 노력하면 무엇이든 될 수 있다고 생각한다. 네다섯 살 아이들에게 그림 열 개를 보여주고 그 그림들을 기억할 수 있는지 물으면, 이미 다 알고 있고 모두 기억할 수 있다고 답하는 경우가 많다. 물론 실제로는 그렇게 하지 못한다. 유치원 아이들은 자기가 반에서 제일 똑똑하다고 이야기하는 경우가 많다. 이유를 물어보면 글씨도 다 알고 숫자도 100까지 셀 수 있기 때문이라고 한다. 실제 능력에 비해 과하다 싶을 정도로 낙관적으로 생각하는 것이다. 이런 얼토당토 않은 자신감 덕에 아이는 세상에 잘 적응하고 살아간다.

아이는 자라면서 자신의 한계를 서서히 알아간다. 초등학교 2~3학년 정도가 되어야 자신을 어느 정도는 객관적으로 볼 수 있는 눈이 열린다. 아이마다 조금씩 차이는 있지만, 대개 아홉 살은 넘어야 자신의 능력을 현실적으로 파악할 수 있다. 하지만 그전까지는 약간 무모할 정도의 자신감을 갖는 것도 괜찮다. 현실과는 다소 동떨어진 낙관주의라도 아이는 거기서 비롯된 자신감을 십분 활용해 현실에 맞서며 살아가기 때문이다.

이처럼, 아이의 미숙함은 그 자체로 효용이 있다. 비요크런드는 부모들이 아이의 느린 성장을 긍정적으로 바라볼 필요가 있다고 강조한다. 어린 시절을 여유롭게 보내면서 자신감을 충분히 다지는 게 길게 보면 아이에게는 더 나을 수 있다는 것이다. 부모는 약간 느슨한 자세로 때론 반 발짝 앞에서 끌어주고, 때론 반 발짝 뒤에서 밀어줄 수 있어야 한다.

하지만 많은 부모들이 아이의 미성숙을 있는 그대로 보아주지도, 충분히 기다려주지도 못하는 것 같다. 아이가 아직 어린데도, 경쟁에서 살아남으려면 서둘러 미래를 준비해야 한다고 재촉한다. 아이 역시 부모의 성화에 못 이겨 많은 일들을 소화해내지만, 아이에겐 지나치게 버거운 경우가 많다.

"미래로 가서 뇌를 바꾸고 싶어요. 엄마가 시키는 거 잘하고, 뭐든 빨리빨리 하고, 물건 잃어버리지 않고, 무엇보다 혼나지 않았으면 좋겠어요. 엄마가 바라는 걸 잘할 수 있는 아이가 되고 싶어요."

진료실에서 만난 한 아이에게서 들은 이야기다. 아이는 방학 때도 좀처럼 쉬지 못한다고 했다.

"방학이 방학이 아니에요. 숙제가 많아요. 방학 특강을 잘못 고르면 끝장이에요. 지난번 방학 때는 체스를 골랐어야 하는데, 딴거 했다가 힘들어 죽을 뻔했어요. 이번엔 잘 골라야 해요. 안 그럼 불가항력이 돼요."

고작 초등학교 2학년인 아이가 삶의 고단함을 호소했다. 아이 입에서 나온 '불가항력'이라는 말이 인상적이어서 따로 사전을 찾아보았다. 불가항력이란 '사람의 힘으로 저항하거나 막아 낼 수 없는 힘'이라는 뜻이었다.

부모들은 종종 이렇게 말한다. "제가 어렸을 때는 이것보다 훨씬 쉽게 잘 배웠던 것 같은데……" 이런 생각은 대개 부모의 착각인 경우가 많다. 어른들은 어렸을 적 자기가 뭔가를 처음 배우던 때를 잘 기억하지 못한다. 기껏해야 꽤나 익숙해진 상태만 떠올릴 수 있을 뿐이다. 몇 번 해본다고 뚝딱 배워지는 게 아니다. 아이들은 저마다 다른 속도로 배우고, 무슨 일이든 충분히 익숙해지기까지는 꽤 오랜 시간이 걸린다.

아이가 잘했으면 좋겠다고 생각하는 일의 목록은 사실상 끝이 없다. 처음엔 혼자 걷기만 해도 대견하다 생각하지만, 시간이 갈수록 아이에 대한 주문이 하나둘 늘어간다. 책도 많이 읽고, 말도 잘하고, 공부도 잘하고, 친구 사귀는 일에도 스스럼이 없었으면 하는 게 부모의 바람이다. 하지만 항상 그다음 것만 생각하면 현재를 충분히 누리지 못한다. 행복을 느낄 여유가 없다. 아동복지학계의 거장으로 불리는 영국 요크대의 조너선 브래드쇼Jonathan Bradshaw 교수는 한 일간지와의 인터뷰에서 이렇게 말했다. "한국은 우수한 인재를 잘 키워내는 반면, 성장 과정에는 별 관심이 없는 것 같다. 유년 시절이 행복하지 못한 인재는 불완전한 성인이 될 위험이 있다." 뼈아픈 지적이지만 새겨들어야 할 대목이다.

경쟁과 보호본능

부모가 이처럼 쫓기는 데는 여러 이유가 있다. 『양육 딜레마』를 쓴 웬디 그롤닉Wendy S. Grolnick과 캐시 실Kathy Seal은 부모들이 아이를 재촉하는 건 무엇보다 갈수록 치열해지는 경쟁 때문이라고 지적한다. 경쟁은 부모의 보호본능을 자극한다. 아이가 안전하다는 생각이 들기 전까지 부모 마음은 계속 쫓기게 된다. 경쟁에 돌입한 아이를 볼 때 부모 마음은 쉽게 불안해진다. 아이가 잘하면 환호하며 박수를 치지만 조금이라도 잘못하면 근심에 휩싸인다. 다른 집 아이가 잘하고 있다는 소식에 때론 몸이 떨리기까지 한다. 경쟁과 보호본능이 결합될 때, 부모의 마음속에는 격렬한 감정이 찾아들곤 한다. 사랑하기에 보호하고 싶고, 보호하고 싶은 마음에 아이를 강압한다.

경쟁은 실제로 더 치열해졌다. 우리 사회는 점점 더 양극화되고 있고, 좋은 일자리는 점점 더 줄어들고 있다. 불평등이 줄어들기는커녕 점점 더 심해지고 있다. 이런 상황에서 부모는 좀처럼 아이를 내버려두지 못한다. 아이를 보호할 수 있는 유일한 길은 아이가 다방면으로 우수해지는 것뿐이라고 생각한다. 아이가 미래에 안정적인 직업을 가지고 성공적인 삶을 살아가려면 아주 어렸을 때부터 매우 유능하게 관리되어야 한다고 믿게 되는 것이다. 아이의 학업만이 아니라, 예체능, 놀이 활동, 친구관계, 미래의 직업까지 미리 계획하고 전략을 짜서 관리하기 시작한다.

많은 부모가 아이를 게임 캐릭터 육성하듯 키우고 있다. 아이들보고는 게임 좀 그만하라고 닦달하면서, 정작 자신은 자신의 아이를 다양한 스펙을 갖춘 하나의 캐릭터로 성장시키는 또다른 육성 게임에 중독되어 있다는 것을 자각하지 못한다. 이렇게 너나없이 스펙 쌓기에 치중할 때 교육은 자꾸만 본질에서 멀어져간다.

교육도 이미 하나의 소비가 되어버렸다. 인풋이 있으면 아웃풋이 있어야 한다고 생각한다. 부모들은 합리적인 소비를 하고 싫어하고, 모든 것을 실용적 잣대로만 재단하기에 이르렀다. 아이들도 자신이 경험한 활동 한 줄을 써넣는 것을 그 경험 자체보다 더 중요하게 여긴다. 스펙 전성시대에 교육은 본말이 전도되어 있다.

이래서는 아이들이 현재를 충분히 누리며 살아갈 수가 없다. 미래에 대한 대비를 포기하자는 말은 아니다. 앞날을 준비하면서도 아이들의 현재를 충족시켜줄 방법을 같이 고민해나가야 한다.

영국의 계관시인 로버트 사우디Robert Southey는 "아무리 오래 살아도, 처음 스무 해가 당신의 가장 긴 반생이다"라는 말을 남겼다. 아이들에게 유년기는 느리게 흘러가는 시간이다. 기껏해야 10년 정도고 청소년기까지 다 합쳐도 20여 년밖에 되지 않는다. 길지 않은 시간이지만 이 시간의 중요성은 아이 인생의 절반에 맞먹는다. 아이는 이 시절의 추억을 뒤적거리며 평생을 산다.

부모가 할 수 있는 최고의 격려는 아이의 현재 모습을 있는 그대로 소중히 여기는 것인지도 모른다. 시간을 내서 아이의 현재를 더 깊이 들여다봐야 한다. 조급한 마음을 내려놓으면, 언제고 자신의 독특함을 드러낼 준비를 하고 있는 게 아이들이다. 사진도 찍고 짧막한 글도 남겨두자. 아이의 진전을 기록하자. 그것들이 하나둘 모여 훗날 소중한 추억거리가 될 것이다.

나는 내 아이를 믿고 있을까?

구글의 창업자 래리 페이지와 세르게이 브린, 아마존 창업자 제프 베저스, 위키피디아의 설립자 지미 웨일스, 심즈 시리즈의 제작자 윌 라이트, 이들은 현 시대를 주름잡는 기술 산업의 거물들이라는 점 외에 공통점이 하나 더 있다. 모두 어린 시절 몬테소리 교육을 받았다는 사실이다. 업계에서는 이들을 가리켜 '몬테소리 마피아'라고 부르기도 한다. 시쳇말로 '몬피아' 정도 되겠다.

이들 중 특히 래리 페이지와 세르게이 브린은 인터뷰에서 종종 자신들이 받은 몬테소리 교육에 대해 이야기하곤 했다. 2004년

ABC방송 앵커 바버라 월터스와의 인터뷰에서 부모가 교수라
는 점이 성공의 요인으로 작용했느냐는 질문을 받고 그보다는
몬테소리 교육 영향이 컸을 것이라고 입을 모았다. 구글의 초기
직원이자 야후의 현 CEO인 머리사 메이어도 한 언론과의 인터
뷰에서 "래리와 세르게이가 몬테소리 유치원 출신이라는 사실
을 모르는 한, 구글을 이해할 수 없다"고 이야기한 적이 있다.
그만큼 구글의 문화에는 창업자들이 어린 시절 받은 몬테소리
교육이 녹아 있다는 말이다.

> 그들의 성격에는 몬테소리식 교육이 반영되어 있죠. 질문을
> 하려면 그들의 방식대로 해야 해요. 권위를 존중하지 않지
> 요. 누가 시켜서가 아니라, 합리적이어야 뭔가를 합니다. 몬
> 테소리에서는 절대 선생님이 시키지 않습니다. 래리와 세르
> 게이는 늘 '왜 그래야 하느냐?'고 묻죠. 그들 두뇌가 그렇게
> 프로그래밍되어 있어요.

_스티븐 레비, 『0과 1로 세상을 바꾸는 구글 그 모든 이야기』
(위민복 옮김, 에이콘출판, 2012) 중 머리사 메이어 인터뷰 재인용.

구글이라니. 세속적 잣대로는 테크 업계 최고의 기업들 중 하
나가 아닌가. 몬테소리를 한다고 아이가 구글 같은 회사를 창업

하거나 아마존 같은 회사에 들어갈 리는 만무하겠지만, 잠시나마 저 이야기에 혹했다.

우리집에도 몬테소리 교구가 하나 있다. 정확히는 '베이비 몬테소리 2'. 동네 카페에서 올린 글을 보고 아내가 중고로 구매한 것이었다. 그 집도 새 것 같은 중고를 산 것인데 아이가 어린이집 다니면서 갖고 놀 시간이 없어 쓸모없어진 상태였다. 거의 사용한 흔적이 없는 소위 '신동품'이었다. 아내는 원래 가격의 4분의 1 정도로 매우 싸게 샀다고 좋아했다. 왜 샀느냐고 물었더니 아내는 "좋아 보여서"라고 답했다. 더는 묻지 않았다.

쌍둥이가 두 살 때 산 물건인데, 지금은 놀이방 한 구석 교구장에 차곡차곡 쌓여 먼지를 맞고 있었다. 안 쓰면 결국 버리게 될 물건이었다. 이사 때마다 늘 가지고는 다니지만 결국 사용하지 않게 되는 애물단지 중 하나가 될 공산이 컸다. 처박혀 있는 몬테소리 교구를 꺼내 다시 한번 사용해보자고 마음을 먹었다. 이전과 다른 점이 있다면 쌍둥이들은 이미 커버려서 대상이 생후 21개월 하영이가 됐다는 사실이었다.

몬테소리 교구들을 하영이가 고를 수 있도록 바닥에 하나씩 늘어놓았다. 도형 상자, 계란공, 끼우기 막대, 구슬꽂이, 아기 식탁 같은 것들이었다. 아이는 별로 머뭇거리지도 않고 바로 도형 상자를 골랐다. 도형 상자는 모양 맞추기를 하는 교구다. 평범한 나무상자처럼 생겼는데 윗면 나무덮개는 끼웠다 뺐다 하면서 교체할 수 있게 되어 있었다. 덮개에는 세모, 네모, 동그라미, 칩 모양의 구멍이 뚫려 있어서 아이가 그에 맞는 모양을 찾아 쏙 집어넣으면 된다.

굉장히 쉽게 봤는데 아이는 좀처럼 제대로 하지 못했다. 뚜껑 가운데 뚫려 있는 모양에 따라 도형 맞추기를 해야 한다는 것 자체를 이해하지 못했다. 아이는 뚜껑을 잽싸게 열고 도형 조각들을 그 안에 집어넣은 다음 다시 뚜껑을 닫는 식의 놀이를 했다. 사물들을 가지고 일종의 까꿍놀이를 하는 것이었다. '이게 아닌데' 하는 마음에 나도 모르게 나서게 됐다. 정확한 방법을 보여주어야겠다고 생각했다. 하나하나 시범을 보였다. 동그란 칩을 끼워넣는 덮개를 골라 동전 모양의 칩을 틈새로 살짝 집어넣었다. 저금통에 동전을 넣는 것과 같은 동작이다. 아이에게 칩을 건네며 해보게 했다. 아이는 제대로 따라 했다. 조금 재미가 있었는지 아이가 이번엔 양손에 같은 모양을 쥐고 "아빠?"라며 나에게 하나를 건넸다. 나 먼저 하라는 뜻 같았다. 내가 먼저 집어넣었더니 아이도 이어서 따라 하며 배시시 웃었다.

내가 방법을 보여주지 않아도 아이는 저절로 알게 되었을까. 안 가르쳐주면 언제쯤 혼자 할 수 있게 됐을까. 아이는 까꿍놀이가 더 맞는 단계인데 내가 괜히 나서서 옳은 방식을 강요한

건 아닐까. 이런저런 생각들이 스쳐갔다.

몬테소리 교육은 아이에게 더 많은 주도권을 주는 걸 기본으로 한다. 하지만 아이가 주도하게 함과 동시에 부모나 교사가 교구 다루는 법을 제대로 보여주는 것도 필요하다고 이야기한다. 자발성이 일어나는 순간을 포착해 방법을 제시하는 게 부모의 역할이라는 것이다. 하지만 실제로 해보면 언제 개입하고 언제 내버려두어야 할지 애매한 경우가 많다. 아이의 흥미와 능력을 동시에 고려하면서 순간순간 개입의 정도를 조절하는 수밖에 다른 특별한 방법은 없다.

몬테소리 교육이라고 해서 반드시 고가의 교구가 필요한 건 아니다. 아이가 흥미를 느끼는 바로 그 작업을 하도록 격려하는 게 몬테소리 교육의 핵심이다. 아이가 새로운 활동을 배워가는 순서는 대개 엇비슷하다. 먼저 아이 속에서 호기심이 일어난다. 다음으로 자기가 하고 싶은 활동을 골라 자발적으로 시작한다. 그다음 스스로 선택한 작업을 점점 더 잘하고 싶어져 계속 집중하고 반복한다. 할 만큼 해서 숙달이 됐다 싶으면 언제 그랬냐는 듯 그 활동을 멈추고 다른 활동을 찾는다.

최근 하영이에게 가위질을 시켜본 일이 있었다. 조금 빳빳한 종이를 한 장 들고 가위로 싹둑싹둑 자르는 걸 보여줬더니 아이가 흥미를 보였다. 몇 번 손을 잡고 같이 해주자 자기 혼자 해보겠다고 아예 종이와 가위를 들고 멀리 가버렸다. 간섭받기 싫어하는 눈치였다. 처음 하는 일이다보니 아이의 가위질은 영 서툴렀다. 아이는 아직 한 손으로 날을 벌리는 것까지는 할 줄 몰랐다. 매번 두 손으로 가위를 잡고 적당히 벌린 다음 다시 오른손으로 옮겨 쥐고 종이를 잘랐다. 다가가 한 손으로 하는 법을 보여주려 했지만 아이는 '됐다'는 표정으로 더 멀리 가버렸다. 잘되든 안 되든 아이는 별 표정의 변화 없이 내가 건네준 종이의 모서리가 너덜너덜해지도록 자르고 또 잘랐다.

그러다 순간 문제가 생기기도 했다. 잘 놀기에 가만 내버려두었더니 아이가 결국 그 가위로 제 손톱을 깎으려다 살갗을 벤 것이었다. 아이가 울어서 가봤더니 왼쪽 엄지손톱 주위의 살이 조금 뜯겨 있었다. 전에 엄마가 손톱가위로 자기 손톱을 잘라주던 게 생각난 모양이었다. 종이를 자르는 게 어느 정도 되자 바로 손톱 자르기로 넘어가버렸다. 아이들은 진도가 빨라도 너무 빠르다.

세 살짜리들은 모두 자기주도의 화신이다. 요새 하영이는 뭐든 자기가 알아서 하겠다고 고집을 피운다. "내가!"라는 말이 아주 입에 붙었다. 계단에서 조금이라도 팔을 잡아 올려주려고 하면 대번에 "내가!"라고 말하며 다시 밑으로 내려가 혼자 올라오곤 한다. 식사시간에도 들어서 의자에 앉혀주면 "땅에!"라고 소

내가
내가
내가
내가

리치며 다시 내려달라고 요구한다. 기어이 혼자서 의자 위로 기어올라간다. 처음엔 위태위태했지만 여러 번 해보더니 지금은 많이 익숙해졌다.

세 살짜리들은 또한 반복의 귀재들이기도 하다. "내가!" 다음으로 가장 많이 하는 말이 "또!"다. 전에는 칫솔질을 하고 물을 대주면 꿀꺽 삼켜버리곤 했는데 어느 순간 뱉어낼 줄 알게 됐다. 양치하고 '오그르 퉤' 하러 가자고 하면 그렇게 좋아한다. 오글오글 입을 헹궈낸 다음 퉤하고 뱉어내기를 여러 번, 이제 됐다고 해도 막무가내다. 컵에 물을 다시 받아내라고 "또! 또!"를 외친다. 요구대로 해주면 그렇게 서너 번 더 입을 헹구고도 다시 물을 채워달라고 한다. 반복에 반복이다. 아이는 좀처럼 지치지 않는다. 깨끗하게 하는 데 목적이 있는 게 아니라, 그 일 자체를 충분히 경험하고 숙달하는 게 목적이기 때문이다.

아이가 할 줄 아는 게 늘어갈수록 기쁘기도 하지만 한편으로 어른은 피곤하기도 하다. 왜 이렇게 반복하나 지겨울 때도 많다. 하지만 조금 물러나 생각해보면, 아이는 끊임없이 반복하고 그러다 때로 상처를 입기도 하며 조금씩 자라나는 존재다. 이런 일들은 아이가 성장하며 필연적으로 겪게 되는 일들이다.

그래서 나는 종종 아이 때문에 힘들 때면 '아이는 지금 이 순간에도 건강한 자존감의 밑그림을 그리고 있다'고 생각해본다.

이렇게 생각하면 조금은 너그러운 시선으로 아이의 행동을 바라볼 수 있게 된다. 마리아 몬테소리가 아이들을 통해 경험한 것, 어른들에게 늘 말하고자 했던 것도 바로 이런 게 아니었을까 싶다. 자기주도, 반복, 집중은 가르쳐서 되는 게 아니다. 잘 안 되던 것을 스스로 해냈을 때의 짜릿함, 그런 감각에 이끌려 아이들은 계속 도전한다. 이런 감각들을 살려나가다보면 구글의 창업자는 못 돼도 얼마든지 자기 인생을 스스로 꾸려갈 수 있는 아이는 될 수 있을 것이다.

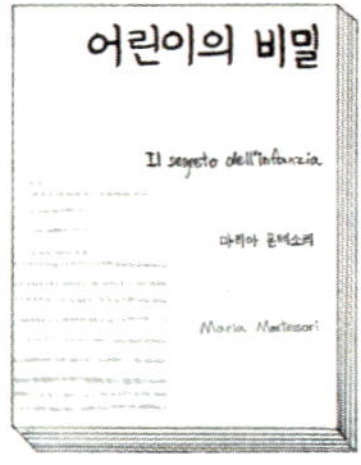

『어린이의 비밀』
마리아 몬테소리 지음,
구경선 옮김, 지만지, 2011

『흡수하는 마음』
마리아 몬테소리 지음,
정명진 옮김, 부글북스, 2014

무엇을 해야 할지 모를 때는 지금 바로 눈앞에 있는 것에 집중합니다.

_마리아 몬테소리(Maria Montessori, 1870~1952)

우리나라에서 부모들이 몬테소리 교육을 가장 먼저 접하게 되는 건 교구를 통해서일 것이다. 아이들이 서너 살이 되면 부모들은 어떤 유아 교육 프로그램이 좋을까 고민을 하게 되고 인지도가 높은 몇몇 프로그램들을 살펴보게 된다. 몬테소리도 그중하나다. 대개는 교구 또는 교재를 세트로 구입하고 나서 일대일홈티칭을 받는 식으로 진행이 된다. 우리 현실에서 유아 교육을 선택하는 데 부모의 교육 철학이 개입될 여지는 상대적으로 적다. 사실상 크게 다르지 않은 방식으로 진행되는 몇몇 사교육 프로그램 중 하나를 선택하는 것이 되고 만다. 몬테소리 역시 우리나라에서는 일종의 영유아 사교육 프로그램으로 널리 보급되어 있다.

인터넷 포털에서 몬테소리를 검색하면 상단에 홈페이지 하나가 나온다. 깔끔하게 제작된 홈페이지에서 제일 먼저 눈에 들어오는 건 마리아 몬테소리의 생애와 교육 이념을 다룬 페이지였다. 바로 그다음에 몬테소리 교구를 직접 구매할 수 있는 페이지가 있다. 얼핏 봐도 교구 가격이 만만치가 않았다. 유아 교육 교재가 이렇게 비쌌나 싶을 정도였다. 기본 교구들만 꼽아 보아도 '베이비 몬테소리 1' 119만 원, '베이비 몬테소리 2' 62만 7000원, '리틀 몬테소리'는 86만 원에 판매되고 있었다. 필수는 아니지만 활용도가 높은 편인 '홈 일상감각' '홈 베이비 영어' '홈 리틀 수학' '홈 리틀 한글' 등을 합치면 가격이 400만 원을 훌쩍 넘어갔다. 6~9세에 적용하는 '빅 몬테소리'와 '심벌릭 잉글리시Symbolic English'까지 합하니 600만 원을 초과했다. 그 외 언어 발달, 창의력 발달, 정서 발달, 탐구력 발달 프로그램 교재들은 따로 있었다. 진료실에서 만나는 엄마들의 말로는 몬테소리 영업망을 통해 판매되는 풀 세트의 가격이 1000만 원에 육박한다고도 했다.

또다른 몬테소리협회 홈페이지에 들어가봤더니 교구방 가맹을 안내하는 페이지가 있었다. 이곳은 '인테리어 비용, 임대료 부담 없이 집에서 창업할 수 있는 몬테소리 홈스쿨링 센터'를 표방했다. 가맹비 200만 원, 자격증 교육비 285만 원, 교구 세팅비 800만 원, 총 1300여만 원의 소액투자로 창업할 수 있는 아이템이라고 선전하고 있었다. 센터 내에 교구와 여러 자료들을 진열하여 교구 판매도 겸할 수 있다는 점을 강조했다. 일인이 운영하는 몬테소리 교육센터라고 하지만 사실상 영업망 기능을 하는 곳인 것 같았다.

마리아 몬테소리의 교육 화두

마리아 몬테소리가 최초로 몬테소리 교육을 시도했던 곳이 로마의 빈민가였다는 점을 감안하면, 달라도 너무 다른 풍경이었다. 문득 몬테소리가 한국에 와서 이런 상황을 보면 무슨 생각을 하게 될까 궁금해졌다. 몬테소리에 관해 알아보기로 했다.

마리아 몬테소리는 한마디로 선구자였다. 몬테소리의 약력을 보면 그녀의 삶에는 늘 최초라는 수식이 따라다닌다. 몬테소리는 이탈리아 최초의 여성 의대생이었고, 최초의 여의사였으며, 최초의 여성 의학박사였다. 1890년대의 일이다. 그전까지 이탈리아에서 여성에게 권장되는 직업이라곤 고작해야 교직 정도였다. 하지만 몬테소리는 성에 따른 차별과 제한은 아랑곳하지 않고 일찍부터 자신의 길을 찾아 나섰다. 어려서부터 수학에 능했던 몬테소리는 기술자 내지 공학자의 길을 걷고 싶어했다. 대학 진학을 희망하는 학생 대부분이 인문계 중고교에 진학할 때 몬테소리는 일찌감치 실업계 기술학교에 진학했다. 여학생이 기술을 배운다는 것은 상상하기 어려운 시대였다.

이후 대학 진학 때는 의사가 되겠다는 꿈을 안고 의대 진학을 모색한다. 하지만 이번에도 역시나 반대에 부딪힌다. 부모는 외동딸 몬테소리가 교사의 길을 걷길 바랐고, 의대는 여학생의 입학을 일절 허용하지 않고 있었다. 하지만 몬테소리는 부모를 설득하는 한편 국왕과 교황에게까지 탄원을 거듭한 끝에 의대 입학 허가를 얻어냈다.

어렵사리 입학은 했지만 여러 난관이 몬테소리를 기다리고 있었다. 동급생들의 노골적인 배척도 감내해야 했고, 이방인 보듯 불편한 눈초리로 바라보는 주위의 시선도 견뎌야 했다. 의대 어디에도 여학생을 위한 시설은 없었다. 배려는 바랄 수조차 없었다. 해부학 실습에 남학생들과 같이 참여할 수 없어 다른 방에서 동기들의 실습을 지켜봐야 하는 수모를 겪기도 했다.

몬테소리는 결국 의대 공부를 포기해야겠다고 마음먹고 어느 날 의대 연구실을 박차고 나왔다. 실의에 빠져 핀치오 공원을 걷던 몬테소리는 한 여자가 어린아이를 데리고 불쌍한 목소리로 구걸하러 다니는 모습을 보게 된다. 달리 줄 것도 없어, 멍하니 걸인을 쳐다보던 몬테소리는 무심코 옆에 있던 아이를 보다 놀라고 만다. 순간 몬테소리는 회심에 가까운 경험을 하게 된다.

> 이런 말을 하면 아무도 믿지 않겠지만 사실이다. 구걸하는 여자를 보다가 옆에 있던 어린 여자아이에게로 눈길을 돌렸는데, 그 아이는 종잇조각 하나를 가지고 놀면서 아주 깊이 집중하고 있었다. 그 아이는 진지하게 뭔가를 하고 있었고, 그 주변에는 뭔지 모를 엄숙한 기운이 감돌고 있었다. 이유는 알 수 없었지만 나는 깜짝 놀랐다. 그리고 아까 분명히 박차고 나왔던 의대 연구실로 다시 향하고 있었다. 의학 공부를 계속해야겠다고 마음먹었다. 그때 이후로 나는 두 번 다시 의학 공부를 포기해야겠다는 생각을 한 적이 없다.
>
> _사가라 아츠코, 『몬테소리 스스로 생각하고 행동하는 어린이로 키우기』
> (임영희 옮김. 밝은누리, 2009)

종잇조각 하나에 깊이 몰두한 아이를 본 경험은 이후 몬테소리 연구의 중요한 화두가 되었다. 훗날 교육학 과정을 마친 몬테소리는 1907년 로마의 빈민가였던 산로렌초 지역에 '카사 데이 밤비니Casa dei Bambini'라는 어린이집을 세워 빈민 교육에 투신하게 된다.

몬테소리가 쓴 『어린이의 비밀』에는 몬테소리가 최초로 어린이집을 열고 만났던 아이들에 관한 이야기가 쓰여 있다. 처음 몬테소리가 가르친 아이들은 너무 잘 울고 두려움이 많은 아이들이었다고 한다. 대다수가 영양 결핍 상태였고 말을 건네기 어려울 만큼 위축되어 있었다. 사실상 충분한 자극과 보호를 받지 못한 채 방치되어 자라난 아이들이었다. 부모들은 가난했고 일용직 노동자였으며 대부분 문맹이었다. 어린이집 역시 경제적으로 넉넉한 상황은 아니었다. 정규 교육을 받은 교사를 구하기 어려울 정도였다. 하는 수 없이 몬테소리는 교사 양성기관에 다니다 그만두게 된 사람 중에서 교사를 뽑아야 했다. 부모나 교사들에게 많은 걸 기대할 수 없는 상황이었다. 몬테소리는 교사들에게 직접 제작한 교구의 사용법만 가르쳐주고 별도의 특별한 교육은 하지 않았다. 그럼에도 아이들에게서는 놀라운 변화가 일어나기 시작했다. 아이들은 점점 더 집중해서 교구를 활용했고, 많은 아이들이 4세경 스스로 글을 깨쳤다.

아이 중심의 교육 환경을 만들다

어떤 긍정적인 요인이 몬테소리 교육을 성공으로 이끌었을까. 몬테소리가 개설한 어린이집의 환경 자체에 어떤 특별한 요소가 담겨 있는 건 아니었다. 다만 몬테소리가 지녔던 생각만큼은 가히 혁명적이었다. 몬테소리는 교실에서 어른과 어린이의 역할이 바뀌어야 한다고 보았다. 몬테소리는 아이들이 자연스럽게 문화를 흡수하는 능력을 타고난다고 보았다. 아이들에게 내재된 개성과 잠재력을 믿었기에 교육의 주도권을 아이들에게 돌려주어야 한다고 생각했다. 먼저 교단을 없애고 교사의 권위를 낮췄다. 교사의 역할은 관찰과 방법 제시에 국한했다. 활동은 아이들에게 맡기고 교사는 뒤로 빠지게 했다. 교구는 아이들의 시선을 끌기에 충분할 정도로 매력적이었지만 주의를 분산시키지는 않을 정도로 단순했다. 탁자 등의 가구는 아이들 신체 크기에 맞도록 작게 제작했다. 교구장의 높이는 최대한 낮춰서 아이들이 원할 때 언제든 스스로 물건을 빼고 정리할 수 있게 했다. 몬테소리가 한 일은 아이 중심의 환경을 만든 것이었다. 그러자 차츰 변화가 나타나기 시작했다.

가장 큰 변화는 아이들이 작업 시간에 놀라운 집중력을 발휘하기 시작한 것이었다. 아이들은 손으로 하는 작업에 깊이 몰두했다. 원기둥을 그에 맞는 구멍에 넣었다 빼는 단순 작업이라도 아이들은 수십 번 반복했다. 누가 임의로 중단하지만 않는다면 아이들은 스스로 납득이 될 때까지 같은 활동을 반복했다. 활동에 따른 피로도 전혀 느끼지 않는 것 같았다. 더 놀라운 것은 작업을 마친 뒤 아이들의 표정이었다. 아이들은 자기가 납득할 만큼 충분히 작업을 하고 나면 매우 만족한 표정을 지었다.

몬테소리는 아이들이 작업을 통해 전보다 더 질서 있고 자신감 있게 변하는 것을 보며 또다른 가능성을 발견했다. 작업에 기울이는 노력을 통해 치유와 인격 향상까지 도모할 수 있다는 희망을 품게 된 것이었다.

어른들의 비판과 충고로 아이들은 쉽게 달라지지 않는다. 고작해야 아이들의 행동이 조금 덜 나빠지게 하는 데 그치는 경우가 많다. 몬테소리는 아이의 행동을 교정하겠다며 처벌에 기대는 건 '악으로 악을 이기려는 것'이라고 비판했다.

아이들은 스스로 해냈다는 성취감을 바탕으로 점진적으로 바뀐다. 몬테소리는 아이들이 일상에서 작은 성취를 쌓아가게 돕는다면 아이들의 행동 역시 좋은 방향으로 변할 수 있다고 믿었다. 개별적인 문제행동은 건드리지 않고도 아이가 작업을 통해 자기 안의 선한 에너지를 종합할 수 있게 되면 자연스럽게 행동도 좋아질 수 있다는 것이었다. 몬테소리는 단순한 기능 교육에 그치지 않고 도덕적 자질까지 향상시키는 전인교육을 지향했다. 몬테소리는 이런 교육이 3~6세부터 이루어져야 아이가 '일탈'을 극복하고 '정상화'될 수 있다고 보았다.

몬테소리에게 치유란 노력하는 자세를 다시 구현하는 것과 같은 말이었다. "타성을 버리고 노력을! 이것이 바로 치유의 길이다. 만일 새로운 교육을 구상한다면 노력이 그 바탕이 되어야 한다."

아이를 믿어야 한다

그렇다면 몬테소리 교육에서 부모의 역할은 어디까지일까. 아이 스스로 노력해서 발전해가는 것이라면 부모에게는 아무 할 일이 없는 게 아닐까. 그렇지 않다. 부모에게도 할 일이 있다. 몬테소리는 『흡수하는 마음』에서 부모들이 어떤 역할을 해야 하는지 몇 가지 힌트를 주고 있다.

먼저, 무엇보다 아이를 믿어야 한다. 아이가 스스로를 믿을 수 없다고 할 때도 부모는 아이를 믿어야 한다. 아이에게는 잘하려는 마음도 있고, 더 잘할 수 있는 능력도 내재되어 있다. 다만 반복적인 좌절을 겪으며 현재 모습에 낙담한 결과, 긍정적인 기회에 다가설 용기를 내지 못하는 경우가 많다. 몬테소리는 아이에게 잠재된 '생명력'을 믿을 때 변화가 시작된다고 말한다. 아이를 믿어야 아이가 주도하는 개방적인 분위기를 만들어갈 수 있다.

다음으로, 환경을 잘 준비해야 한다. 적절한 환경은 아이들에게 직접 경험을 권유하는 초대장과 같다. 아이들이 제힘으로 옮길 수 있는 작은 탁자, 자유롭게 글씨를 쓰거나 그림을 그릴 수 있는 칠판, 각자 자기 물건을 정리할 수 있는 정리함 등을 비치하면 도움이 될 수 있다. 가구와 물건을 마련할 때도 아이들의 접근성을 염두에 두어야 한다. 아이에게 활동을 강요하기 이전에, 스스로 시작하고 마무리할 수 있는 여건을 마련해주는 것이 우선이다.

또한, 아이를 잘 관찰해야 한다. 매일 물 주는 사람이 식물의 상태를 잘 알 수 있는 것처럼, 아이를 가까이서 관찰하는 사람이 아이에게서 흥미가 일어나는 순간을 포착할 수 있다. 아이가 좋아서 하는 활동이 무엇인지 잘 살펴보고, 그 행동을 어떻게 하면 작업으로 연결시켜줄 수 있을지 고민할 필요가 있다. 아이의 관심사를 구체화하고, 작업범위를 넓혀가는 데는 어느 정도 부모의 도움이 필요하다.

개입은 알맞게 해야 한다. 몬테소리는 교사가 뒤로 물러나는 게 성공의 신호라고 했다. 하지만 필요할 때 아이에게 적절한 방법을 보여주는 것까지 반대하지는 않았다. 방법을 보여주는 것을 몬테소리 교육에서는 '제시'라고 한다. 제시는 일련의 동작을 여럿으로 나눠 천천히 보여주는 것이다. 필요한 순간 개입해 말없이 정성껏 제시하고 슬그머니 뒤로 빠져 관찰하는 게 핵심이다.

마지막으로, 일상생활 연습이 중요하다. 옷 입기, 씻기 등 자기관리를 가르치는 것뿐만이 아니라 일찍부터 가정에서 책임을 분담하는 연습을 해야 아이들이 일에 익숙해지고 부모로부터 빨리 독립할 수 있다. 상차림, 설거지, 청소, 정리 등 가사활동은 아이에게 좋은 연습의 기회가 될 수 있다. 아이가 소비의 즐거움을 경험하기 전에 가족공동체의 구성원으로 제 역할을 하는 법부터 가르쳐야 한다. 6세 이전에는 아이가 먼저 가사에 관심을 보이는 경우가 많다. 이 시기를 잘 활용해야 한다. 6세 이후에 시작하는 건 쉽지 않다. '여태 안 시키다가 왜 이제 와서 이런 일을 나에게 시키느냐'고 항변할 가능성이 높기 때문이다.

화려한 교구, 값비싼 장난감, 넘쳐나는 학습지 등 지금의 아이들은 풍부한 자극에 둘러싸여 있다. 하지만 몬테소리 시대의 소박한 유치원에서 일어났던 일들이 지금 이 순간에도 일어나고 있느냐고 물으면 자신 있게 대답하기 힘들다. 핵심은 이런 물건들에 있지 않다. 아이를 집중으로 이끄는 데 필요한 건 섬세함과 재치다. 아이들의 현재 관심사를 알아보는 세심한 눈, 아이의 관심사를 적절히 살려나가는 부모의 재치 있는 대응이 더 절실히 요구된다. 아이들이 가지고 있는 본연의 능력을 일깨워주는 데 좀더 초점을 맞춰야 한다.

몬테소리는 부모에게 아이의 정신을 섬기라고 이야기한다. 값비싼 물건을 덥석 사주고 아이의 수족이 되어 일일이 챙기는 건 아이를 섬기는 게 아니다. 아이의 정신을 섬긴다는 건 아이가 결국 혼자 힘으로 생각하고 행동하는 사람이 되도록 돕는 것을 말한다. 몬테소리에게 교육은 영적인 일이다. 자연을 섬기고, 생명을 섬기는 일과 동격이다. 몬테소리는 아이들이 저마다 가지고 있는 생명력과 사랑을 펼쳐나갈 수 있도록 돕는 게 부모와 교사의 역할이라고 했다. "만일 우리가 지금까지 한 것보다 조금 더 열심히 아이를 연구한다면 우리는 아이의 모든 면에서 사랑을 발견할 것입니다." 몬테소리의 말마따나, 사랑을 발견하고 배워야 하는 건 우리 어른들인지도 모르겠다.

자기주도적인 아이로 자라길 바란다면

몬테소리를 공부하며 아쉬움이 없는 건 아니었다. 아이에게 자유로운 선택권을 부여한다고는 하지만 교구의 활용 방법이 지나치게 닫혀 있고 제한된 면이 있는 것도 사실이었다. 전통적인 몬테소리 유치원에서는 오전 오후 각각 상당한 시간을 교구 활동에 할애한다. 교구 활동을 중심으로 단순한 일과가 진행되는 것이다. 이런 방식이 아이들에게 질서와 규모 있는 삶을 가르치는 데는 유익하지만 다양한 체험을 제공하는 데는 한계가 있을 수밖에 없다. 노력과 바른 행동을 지나치게 강조하는 것도 창의성을 북돋는 측면에서는 약점이 될 수 있다.

또한 교구를 활용해 혼자 하는 활동에 초점이 맞춰져 있다보니 대인 지향 활동에는 다소 소홀한 면이 있다. 내면에 지나치게 몰입하면 소통에는 약해지기 쉽다. 몰두가 지나치면 단절로 이어질 수도 있다는 점도 기억해야 한다. 이런 점을 인식한 몬테소리도 여러 연령의 아이들로 학급을 구성해 서로 자연스럽게 어울리며 사회성을 익혀갈 것을 권한 바 있다.

몬테소리 교육은 현실적이다. 몬테소리는 개인이 현실에 대응하는 능력과 자신감을 키우는 데 주안점을 두었다. 반면, 상상력과 자유놀이에는 그다지 큰 비중을 두지 않았다. 몬테소리가 상상의 가치를 낮게 본 것은 아무래도 아쉬운 대목이다. 아이들은 현실을 적극적으로 받아들이기도 하고, 상상의 힘으로 현실을 밀어내기도 하면서 적응하고 발전하는 존재다. 자유롭게 역할놀이를 하며 배울 수 있는 것도 많다. 하지만 몬테소리는 아이들의 이런 특성을 크게 고려하지 않았다. 어느 교육법도 완전한 것은 없다. 얻는 게 있으면 잃는 것도 있는 법이다. 여러 부족한 점에도 불구하고 몬테소리 교육의 가치는 '아이가 중심이 되는 교육’을 철저하게 추구했다는 데 있다. 아이를 자율적 존재로 이끄는 몬테소리 교육의 장점은 그대로 살려나가면서 부족한 점을 어떻게 보완해나갈지 고민해야 할 때다.

몬테소리에게는 삶을 꾸려가는 주체가 자기 자신이라는 점이 너무도 명백했다. 자신이 그랬던 것처럼 아이들도 그렇게 자기주도의 정신으로 살아가길 바랐다. 자기주도적인 아이를 만들어야겠다고 생각하기 전에 스스로에게 다음 같은 질문을 던져보는 게 옳은 순서인지도 모르겠다. ‘부모로서 나는 자기주도적인 삶을 살아가고 있나? 아이에게 능동적인 삶의 본을 보여줄 준비가 되어 있는가?’

아이들은 '몸'으로 '말'로 논다

올해 들어 벌써 두번째다. 아이들과 놀아주다 안경이 또 깨졌다. 지난번엔 이불 위에서 씨름을 하다 불시에 하준이 무릎에 맞아 안경이 깨졌다. 이번엔 공놀이를 하다 예상치 못한 순간 하성이가 공을 얼굴 쪽으로 세게 던지는 바람에 안경알이 작살이 났다. 놀다보면 생기는 일이라지만 깨진 안경알이 바닥으로 떨어질 때마다 깜짝깜짝 놀라게 된다.

아이들은 몸으로 노는 걸 무척이나 좋아한다. 특히나 힘과 속도에 열광한다. 아빠를 쓰러뜨리고 아빠 팔에 철봉처럼 매달리고 자기가 달릴 수 있는 가장 빠른 속도로 달리며 아이들은 까르르 웃음을 터뜨린다. 달리기를 좋아하는 건 어린 하영이도 마찬가지다. 하영이는 아직 몸을 잘 가누지 못해서 달릴 때 무게중심이 전체적으로 앞으로 쏠린다. 머리와 가슴을 내밀고 고꾸라질 듯 앞으로 내달리는데도 용케 넘어지지는 않는다. 뒤뚱거리며 달리는 그 모습이 여간 귀여운 게 아니다.

요새 집에서 하는 놀이 중 쌍둥이가 가장 좋아하는 건 '무궁화꽃이 피었습니다'와 축구다. 축구는 우리집에서 일을 도와주시는 아주머니가 종종 아이들과 같이 해주신다. 쌍둥이가 태어난 이후 그동안 몇몇 아주머니들이 우리집을 거쳐갔지만 이 아주머니만큼 쌍둥이들과 적극적으로 놀아주신 분은 없었다. 쌍둥이가 한편, 아주머니가 상대편이 되어서 베란다 쪽 문과 부엌 쪽 문을 골대로 공을 찬다. 아주머니가 점수를 조절해주시는지 쌍둥이 팀이 한 골 차로 이기거나 비기는 경우가 많다. 퇴근하면 어김없이 아이들에게서 그날의 축구 스코어를 들을 수 있다. 아슬아슬하게 이긴 날은 기분이 한껏 들떠 있다. 퇴근하는 아빠를 맞으며 누가 먼저랄 것도 없이 현관 앞으로 달려오며 외친다. "아빠, 오늘 우리가 4대3으로 이겼어!"

쌍둥이들은 '무궁화꽃이 피었습니다'도 좋아한다. 술래는 주로 내가 한다. 벽을 보고 "무궁화꽃이 피었습니다" 하고 외치는 동안 아이들은 빠른 걸음으로 내게로 다가온다. '다'자가 끝남과 동시에 휙 돌아보면 자기들끼리 킥킥대다 얼른 멈춘다. 둘 중 더 자주 걸리는 건 하성이다. 하성이가 잘 멈추지 못해 먼저 잡히는 경우가 많다. 결국 하준이가 마지막에 슬금슬금 다가와 내 손을 잡고 있던 하성이 손을 쳐서 끊어주면 둘이서 잽싸게 끝방으로 도망을 간다. 나는 괴물 흉내를 내면서 두 녀석을 쫓아가다가 아이들이 방에 뛰어들어가고 나면 쫓기를 멈춘다. 술래가 방 앞까지는 쫓아갈 수 있어도 방 안쪽까지는 들어갈 수 없는 게 규칙이다. 아이들은 아빠보다 더 빨리 내달린 것에 만족하고, 잡히지 않았다는 데 안도한다. 잡을 수 있었는데 못 잡았다고 내가 한숨을 푹푹 내쉬면 아이들은 더 좋아한다.

작년 말 전세 기간이 만료되면서 집을 알아보는데, 1순위가 '거실이 넓은 아파트 일층'이었다. 전셋집 구하기가 쉽지 않은 때였다. 여러 집을 전전하며 지쳐갈 즈음 마지막으로 한 집만 더 보자고 해서 본 집이 우리 부부의 마음에 쏙 들었다. 그동안, 뛰는 게 본능인 아이들에게 뛰지 말라고 잔소리하는 게 못내 미안하고 속상했었다. 그래서 아예 일층집을 구하자고 생각했는데 역시나 맞아떨어졌다. 이 집으로 이사 오고 나서 아이들의 움직임이 더 활달해지고 목소리도 커졌다. 아이들이 전반적으로 전보다 더 씩씩해진 걸 느낄 수 있었다.

아이들은 몸으로도 놀지만, 말로도 논다. 말놀이에도 몸으로

하는 놀이 못지않은 재미가 있다. 아이들은 청개구리처럼 거꾸로 말하는 걸 특히 좋아한다. 가령 밥을 먹을 때 우리집 식탁에는 간혹 '거꾸로 아저씨'가 찾아온다. '거꾸로 아저씨'가 왔다고 하면 그때부터 아이들은 모든 음식의 맛을 거꾸로 말한다. 매운 멸치는 안 맵다고 하고 안 매운 버섯은 맵다며 먹는다. 심심하게 간이 된 국을 짜다며 들이킨다. 한동안 그렇게 놀면서 밥을 먹다보면 한 그릇이 금세 비워져 있다.

몸놀이, 말놀이 외에 아이들과 간단한 게임을 할 때도 있다. 주사위만 가지고 할 수 있는 게임으로는 '뱀 사다리'가 있다. 보드게임으로도 비슷한 제품들이 많이 나와 있지만 인터넷에 '뱀 사다리'로 검색하면 나오는 이미지 중 적당한 것을 골라 A4지에 출력한 다음 게임 판으로 활용하는 것도 괜찮다. 매번 이길 수도 없지만 매번 지지도 않는 게 이런 종류의 게임들이다. 때론 게임에서 진 아이를 다독이느라 만만찮은 수고가 들기도 하지만 어디까지나 게임이라고 하면서 달래면 아이는 결국 패배를 받아들인다. 다음에도 게임을 즐겁게 하려면 이번 패배는 어쨌거나 받아들일 수밖에 없다. 아이들은 이렇게 결과를 받아들이는 과정을 통해 감정적인 성숙을 경험하게 된다.

직접 게임을 할 때만이 아니라 좋아하는 팀을 응원할 때도 비숫한 경험을 한다. 쌍둥이는 최근 처음으로 야구장을 찾았다. 밤이 깊어 7회까지만 보고 나왔는데, 그때까지만 해도 응원하는 팀이 5대2로 이기고 있어서 한참 신이 났다. 그렇게 끝날 거라고 생각했던 경기가 9회말 극적인 3점 홈런을 맞아 동점이 됐고, 12회에 다시 홈런을 맞아 결국 패하고 말았다. 집에 와서 아이와 같이 컴퓨터로 나머지 경기를 봤다. 방송을 보고 난 후 아이는 "너무 아쉽다"고 말하며 씁쓸한 표정을 지었다. 이기면 좋았겠지만 지면 지는 대로 배울 게 있었다. 서운함을 말로 표현하며 털어내는 것도 아이가 배워야 할 일이었다.

뭐니 뭐니 해도 놀이의 꽃은 상상놀이다. 아이들과 놀던 초창기에는 어떻게 하면 아이가 상상놀이를 잘 펼쳐나가도록 도와줄 수 있을까 고민을 많이 했다. 하지만 막상 해보니 방법은 그리 중요하지 않았다. 아이를 위해 따로 시간을 내서 놀고, 잘 반응해주는 게 그 어떤 테크닉보다 더 중요했다. 다음은 처음으로 하준이와 단둘이 놀이방에 들어가서 15분 동안 놀았던 날, 아이가 펼친 이야기다. 놀이를 마치고 잊지 않으려고 얼른 기록해두었다.

하준이는 자리에 앉더니 블록으로 집을 만들기 시작
했다. 이층집을 만들었는데, 아래층에 인형 둘을 눕히며
"지금 아가들이 잠을 자고 있어요"라고 말했다. 두 인형
은 쌍둥이인 자기들을 표현하는 것 같았다. 사자 인형을
가지고 오더니 집 근처에 두면서 이렇게 말했다. "밖에
는 무서운 사자가 있고, 아가들이 그 사자를 엄청 무서
워해요." 나는 아이가 하는 이야기를 듣고 반응만 해주
었다. "사자를 엄청 무서워하는 아이들이구나. 어흥 하면
정말 무섭겠다."

"네. 그런데 다행히 집 주변에는 집을 지키는 기사가
있어요. 말 타고 다니는 기사 알죠? 그런데 기사는 아직
그렇게 힘이 세지 않아요. 그래서 힘을 세게 해줄 뭔가
가 더 필요해요." 그러더니 아이는 기사 머리에 개구리
모자를 씌웠다. 개구리 모자는 다른 장난감에서 떨어져
나온 조각이었다. 아이는 개구리 모자를 쓰면 기사의 힘
이 세지고 점프력이 올라간다고 했다.

"이렇게 하면 기사가 엄청 세지는 거예요. 무서운 사
자도 이길 수 있어요." 아이는 한 손으로 기사를 붙잡고
하늘로 윙윙 날아다니게도 하고 여기저기 점프하며 뛰어
다니게도 하더니 집 주변에 있던 사자 엉덩이를 '뻥' 하

고 걷어차게 했다. "이제 엄청 세죠? 사자도 한 번 맞으면 끝장이에요. 그런데 다른 사자가 또 나타날 수도 있어요."

사자는 이후로도 몇 번 더 나타났지만 그럴 때마다 개구리 모자를 쓴 기사에게 맞고 쫓겨났다.

아이는 놀이 속에서 반복적으로 자신의 두려움을 직면하며 그것을 극복하고 있었다. 누가 애써 이끌지 않아도 마음속 주제를 펼칠 수 있는 시간과 공간만 주어진다면 아이들은 이야기를 만들어 놀며 스스로를 치유한다.

부모 입장에서도 놀이는 아이에게 다가가는 통로가 될 수 있다. 칭찬이 어색할 때 간단히 상상놀이를 꾸미면 조금 더 자연스럽게 아이들을 칭찬해줄 수 있다. 우리집에서는 아이들을 격려하고자 할 때 간혹 '칭찬 가면' 놀이를 활용하곤 한다. 그리 거창한 것은 아니다. 가면 자체가 아주 그럴듯할 필요도 없다. 상황만 잘 꾸며도 아이들은 반응한다. 방법은 이렇다. 내가 칭찬 가면을 쓰고 나타나면 그 순간 나는 더이상 아빠가 아니라 '칭찬 아저씨'가 된다. 칭찬 아저씨는 아이들에게 칭찬만 할 수 있다. 목소리도 낮게 깔고 마치 산타 할아버지가 된 것처럼 아이들을 대한다. 그렇게 상황을 조성하고 아이가 잘한 일 한두 가지를 정확히 짚어준다. 그러면 아이들 표정이 금세 밝아진다.

상상놀이는 혼자서도 얼마든지 공상 속 이야기를 펼쳐가며 할 수 있지만 역할놀이는 그렇지 않다. 처음부터 아이들끼리 놀이 계획을 세우고 역할을 배분하여 이야기를 만들어나가기란 어려운 일이다. 좀더 정교한 형태의 역할놀이를 하려면 부모나 선생님의 도움이 반드시 필요하다. 부모가 처음에는 연출자로, 나중에는 등장인물의 한 사람으로 같이 참여해 도움을 주면 놀이가 더 풍성해질 수 있다.

처음에는 책이나 텔레비전에서 본 이야기를 바탕으로 줄거리를 짜보는 것도 좋다. 우리집에서는 포털에서 제공하는 교육용 애니메이션을 주로 활용했다. 다음은 〈고 디에고 고〉 시리즈 중 한 편을 아이들과 같이 보고 나서 그 내용으로 역할놀이를 해본 예다.

〈고 디에고 고〉를 이용한 역할놀이

① 디에고, 도라, 아기 재규어가 같이 공룡시대로 들어가 길 잃은 공룡을 가족들이 있는 섬까지 데려다주는 이야기를 시나리오로 삼기로 정했다.

② 애니메이션을 같이 보고 나서 역할을 나눴다. 역할은

아이들보고 고르라고 했다. 하성이가 디에고, 하준이는 아기 재규어를 골랐고, 나는 도라를 하기로 했다.

③ 지도를 그렸다. 지도는 아이가 손에 들 수 있는 작은 크기의 화이트보드에 마커로 간단히 그렸다. 지도 그리는 과정에 아이들도 참여해서 직접 표시를 하게 했다. 아직 글쓰기는 못하지만 나름대로 표시는 할 수 있었다.

④ 지도에 해당하는 지점들을 각각 우리집의 어디어디로 할지 정했다. 놀이방은 공룡시대로 들어가는 '박물관', 베란다의 미끄럼틀은 '바위산', 안방은 '화산', 서재는 최종 목적지인 '섬'으로 정했다.

⑤ 주위에 있던 베개, 이불, 공룡 인형 등을 소품으로 활용했다. 가령 화산 폭발을 연출할 때는 의자를 하나 세워놓고 그 위에 이불을 덮어서 산 모양으로 꾸민 다음, 이불을 홱 걷어내는 방식으로 폭발을 표현했다.

하성이는 가방에 나름대로 여러 구조 도구들을 담아오는 열의를 보였고 하준이는 크앙크앙 소리를 내며 아기 재규어 역할에 충실했다. 나는 도라 역할도 했다가 전체적으로 연출도 했다가 하면서 놀이를 보조했다. 처음에는 내 역할이 컸지만 시간이 갈수록 아이들 스스로 소품도 만들었고 이야기를 발전시키는 데도 적극적으로 참여했다.

이런 방식으로 역할놀이를 하면 처음 계획 단계부터 시작해서 놀이가 끝날 때까지 30~45분 정도가 소요된다. 꽤 긴 시간이지만 공간을 넓게 활용하고 다양한 소품을 동원해 직접 연기하며 노는 것이어서 생각보다 시간은 빨리 간다. 아빠인 내가 지쳐서 더 놀아주기 어려울 때가 많아 그렇지, 아이들은 한 번 해보고 나면 똑같은 내용으로 한 번 더 하자고 조를 정도로 이런 형태의 놀이를 굉장히 좋아한다. 같은 시나리오로 해도, 새로 하면 내용은 매번 조금씩 달라진다. 아이들의 창의성이 가미되어 이야기는 계속 발전해간다.

몸놀이, 말놀이, 게임, 스포츠 관람, 상상놀이, 역할놀이 등 여태 우리집에서 해온 몇몇 놀이들을 나열해봤다. 물론 놀이의 실제 범위는 이보다 훨씬 더 넓다. 아이와 함께하는 거의 모든 활동을 놀이라 불러도 무방할 정도로 놀이의 목록은 방대하다. 놀이는 아이들의 직업이나 마찬가지다.

사실 내가 가장 좋아하는 놀이는 아이와 함께하는 산책이다.

산책은 같이 걸으며 아이와 나누는 대화다. 아이들과 같이 나무도 보고 나뭇잎도 줍는다. 날씨 이야기도 했다가 하늘도 봤다가 때론 돌멩이를 발로 툭툭 차며 걸어보기도 한다. 아무 이유 없이 전력질주를 해보기도 한다. 난데없이 육교를 건너기도 하고, 돌아오는 길엔 다음날 먹을 빵도 산다. 그렇게 30~40분 아이들과 같이 산책을 하고 나면 어느새 마음이 편안해지곤 한다. 아이들은 점점 더 달리기가 빨라지고, 말이 늘고, 생각이 깊어지고 있다. 무라카미 하루키가 말한 "작지만 확실한 행복"이 이런 것인지도 모르겠다. 산책을 하며 아이들의 성장을 확인할 때 내 삶의 존재를 가장 확실하게 느낀다.

『아이와 통하는 부모는 노는 방법이 다르다』
로런스 코언 지음, 이주혜 옮김, 양철북, 2011

『정신의 도구: 비고츠키 유아 교육』
옐레나 보드로바·데버러 리옹 지음,
신은수·박은혜 옮김, 이화여대출판부, 2010

아이들에게는 무엇이든 놀이가 될 수 있다. 심지어 일조차도 놀이가 될 수 있다. 마크 트웨인이 쓴 『톰 소여의 모험』에는 일이 놀이가 되는 한 장면이 나온다.

주인공 톰 소여가 잼을 몰래 훔쳐 먹고 종일 울타리에 페인트 칠하는 벌을 받게 된 상황이었다. 마침 친구 벤이 헤엄치러 가는 길에 근처를 지나고 있었다. 톰은 벤에게 일을 넘길 궁리를 한다. 톰을 보고 벤이 먼저 놀리듯 말을 걸었다.

벤: 있지, 나 멱감으러 갈 건데 같이 안 갈래? 하긴 넌 일해

야 하는구나, 그렇지? 빤하지 뭐!

톰: 뭐가 일이라는 건데?

벤: 이게 일이지, 그럼 아니야?

톰: 글쎄, 그럴 수도 있고 아닐 수도 있고. 어쨌든 이게 이 톰 소여한테 딱 맞는다 이 말씀이지.

벤: 뭐, 헛소리 마, 설마 이런 일이 좋으려고?

톰: 좋냐고? 글쎄, 좋아하지 말라는 법이라도 있냐? 야, 애들이 울타리를 칠할 기회가 날이면 날마다 있는 줄 아나?

톰의 마지막 한마디에 상황이 반전된다. 벤의 눈에 페인트칠이 흥미로운 놀이처럼 보이게 된 것이다. 결국 벤은 톰의 꾐에 넘어가 자기가 먹던 사과까지 내주고 페인트칠에 몰두하게 된다.

애초에 일과 놀이가 따로 정해져 있는 건 아니다. 헤엄치기도 훈련으로 하면 일이 될 수 있고 페인트칠도 재미로 하면 놀이가 될 수 있다. 스티븐 나흐마노비치Stephen Nachmanovitch는 『놀이, 마르지 않는 창조의 샘』에서 "놀이는 언제나 맥락의 문제"라고 말한 바 있다. 무엇을 하는가가 아니라 어떻게 하는가가 핵심이다. 동일한 행동이라도 일상적 맥락에 있으면 일상적 활동이 되고 놀이라는 특별한 맥락에 닿으면 놀이가 된다. 특히 아이들에게는 노는 시간, 작업하는 시간,. 배우는 시간이 따로 명확히 구분되어 있지가 않다. 어린아이들일수록 이 모든 시간이 하나의 경험으로 흘러간다.

아이들은 특별히 가르쳐주지 않아도 잘 논다. 놀거리가 없으면 만들어서라도 노는 게 아이들이다. 놀이운동가 편해문씨는 『아이들은 놀기 위해 세상에 온다』에서 '놀 틈'과 '놀 터'와 '놀 또래'만 있으면 아이들은 잘 논다고 했다. 부모와 어른이 애써 개입할 필요는 없다는 말이다.

독일의 놀이터 디자이너 귄터 벨치히Günter Beltzig도 비슷한 이야기를 했다. 벨치히는 아이들이 놀 때 어른의 역할은 지켜보는 게 아니라 아이들에게서 조금 떨어져 듣는 것이라고 주장한다. 아이들의 상태는 꼭 눈으로 봐야 알 수 있는 게 아니고 소리를 듣고서도 판단할 수 있다는 것이다. 아이들에게 공간을 허락하고 그 안에서만큼은 스스로 결정권을 가지도록 할 때 자유롭고 창의적인 놀이가 나올 수 있다.

아이들끼리 놀게 내버려두면 위험하지는 않을까. 벨치히는 이 역시 반대로 생각해볼 필요가 있다고 이야기한다. 부모가 일거수일투족 감시하면 아이들로서는 위험을 스스로 관리해보는 경험을 놓치게 되는 셈이다. 상황을 판단하고 위험에 대처하는 법을 익히려면 아이가 감당할 수 있을 정도의 위험에 노출될 필요가 있다. 벨치히는 오히려 정말 심각한 사고는 부모가 주위에 있을 때 발생한다고 지적한다. 보호자가 곁에 있으면 스스로 조심하는 것을 아이가 잠시 잊게 되기 때문이다. 위험과 자유는 동전의 양면이다. 아이에게 무한정 자유를 줄 수는 없겠지만 건강한 발달을 위해 어느 정도의 위험을 용인할지 고민해볼 필요가 있겠다.

놀이는 전통적으로 공동체의 몫이었다. 공동체마다 면면이 이어져온 놀이문화가 있었다. 아이들은 동네에서 자기보다 조금 나이 많은 다른 아이들로부터 놀이를 배우곤 했다. 어린 꼬마부터 중학생 정도까지는 한데 어울려 놀았다. 놀 게 없으면 놀잇감을 만들어 놀기도 했다. 부모가 따로 개입할 여지는 별로 없었다. 하지만 공동체가 무너지면서 놀이공동체도 약화되었고 거기서 이뤄지던 놀이도 점차 사라져갔다. 자유로운 놀이가 사라진 대신 그 자리를 학원 수업, 경쟁적인 체육 활동, 장난감 등이 채웠다. 최근 이 목록에는 스마트폰과 아이패드가 추가되었다.

상업주의가 아이들 상상력을 장악하다

데이비드 엘킨드David Elkind는 『놀이의 힘』에서 아이들을 가만 내버려둔 결과, 시장이 결국 아이들의 놀이를 지배하게 되었다고 이야기한다. 기업들은 아이들을 직접 겨냥한 광고를 내보내고 있고, 부모는 제 아이만 흐름에 뒤처질까봐 유행하는 장난감을 손쉽게 사주고 있다. 하지만 문제는 새롭고 신기한 장난감들이 이토록 많은데도 불구하고 아이들의 상상력은 오히려 퇴보하고 있다는 데 있다. 기업들은 놀잇감을 제공하는 데 머물지 않고 노는 방법까지 일러준다. 자사가 생산한 장난감이 등장하는 애니메이션 시리즈까지 만들어 방송에 내보낸다. 아이들은 회사가 제시한 놀이 방법을 그대로 따라 하거나, 미디어에서 본 장면들을 머릿속으로 그리며 노는 데 그치고 만다. 그 이상 이야기를 확장해보거나 새로운 놀이 방법을 개발하는 데까지 나아가지는 못하는 것이다. 엘킨드는 놀거리는 많아진 반면 상업주의의 영향으로 아이들의 놀이가 정형화되고 있는 점에 대해 우려를 표한다.

한참을 졸라 사주어도 아이는 잠시 가지고 놀 뿐, 장난감에 좀처럼 애착을 갖지 않는다. 장난감이 손에 익어야 그것을 가지고 이야기도 만들며 놀 텐데 그럴 틈이 없이 새로운 놀잇감이 또 주어진다. 아이가 놀이를 숙달할 기회를 갖지 못하면 자기 스스로 이야기를 만들어가는 힘도 약해질 수밖에 없다. 아이들은 더이상 정교한 역할놀이를 하지 않는다. 이 시대 아이들이 가장 좋아하는 놀이는 소비자 역할놀이가 되어버렸다. 엘킨드는 『놀이의 힘』에서 아이들에게 유익한 자유로운 놀이가 사라진 대신 누군가에게 이익을 가져다주는 놀이만 늘어나고 있다고 지적한다.

그렇다면 아이와 어떻게 놀아주는 게 좋을까. 어떻게 하면 소비주의의 파고를 넘어 아이들을 풍부한 상상력의 세계로 이끌어줄 수 있을까. 아이가 처한 놀이 환경을 단숨에 바꿀 수는 없겠지만 이런 환경에서 살아가는 아이들이 건강하고 창의적인 놀이 활동을 해나갈 수 있도록 돕는 건 부모의 몫이다.

아이와 놀아주는 게 쉬운 일은 아니다. 평상시 부모는 매우 진지하고 현실적인 존재들이다. 아이들과 수시로 재미있게 놀 수 있을 정도로 여유 있는 부모가 많지 않다. 아이들과 놀려고 앉으면 피곤이 몰려오고 일터에서 가져온 긴장을 내려놓기가 쉽지 않다. 마음이 편치 않으니 쉽게 지치게 돼 그만 놀자는 말이 금세 입 밖으로 튀어나온다. 통제 욕구를 조절하기도 쉽지 않다. 놀이가 교육처럼 되는 경우도 흔하다. 그냥 공만 주고받으며 놀아도 되는데 어느 순간 아이에게 정확히 던지는 법을 가르치려 애를 쓴다. 여러 가지 면에서 부모는 아이의 좋은 놀이 상대가 되어주지 못하는 경우가 많다.

실은 아이들을 데리고 다른 집에 놀러 가서 그 집 형, 누나하고 어울리고 동생들을 봐주는 것, 그게 제일인지도 모른다. 그럴 때 발달 단계에 딱 맞는 놀이가 나온다. 우리집 아이들에게도 좋아하는 형, 누나가 있다. 그 집에 놀러 가면 밥도 같이 먹고 놀기도 같이 논다. 그러는 사이 어느새 친밀감이 많이 쌓인다. 형, 누나가 종이로 접어준 여러 가지 모형을 아이들은 가방 가득 집으로 가져와 애지중지 아낀다. 이미 고물이 된 장난감들을 얻어 오기도 한다. 낡을 대로 낡은 총칼 유의 장난감들을 아이들은 그렇게 좋아한다. 좋아하는 사람에게서 받은 장난감에 아이들은 애착을 보인다. 그것들을 이후로도 오래 가지고 논다.

이처럼 뜻이 맞는 사람들과 교류하며 같이 아이를 키워나갈 수 있다면 놀이에 대한 고민도 그만큼 줄어들 수 있을 것이다. 하지만 공동체를 지탱하는 힘들이 너무나도 약해진 요즘, 이런 형태의 모임조차도 안정적으로 유지해나가기가 쉽지는 않다.

아이들을 소비시장으로 바라보는 기업들에 놀이를 맡길 수도 없고, 공동체를 통한 육아도 당장 여의치 않다면, 우리 아이들은 어떻게 놀아야 하는 걸까. 결국 부모가 얼마간 시간을 내 같이 놀아주는 수밖에 없다. 하지만 당장 아이와 잘 놀아주어야겠다고 생각해도 그게 얼른 잘되지는 않는다. 아이들과 잘 놀기 위해서는 부모도 조금은 배울 필요가 있다.

어떻게 하면 아이들과 잘 놀아줄까?

아이들과 노는 방법을 배우고 싶은 부모들이 지침으로 삼을 만한 책으로, 로런스 코언Lawrence J. Cohen이 쓴 『아이와 통하는 부모는 노는 방법이 다르다』를 우선 꼽고 싶다. 코언은 놀이치료를 전문으로 하는 심리학자다. 그래서인지 이 책은 놀이치료사가 아이들과 만나서 하는 일을 부모 눈높이에서 해설한 듯한 느낌마저 든다. 코언은 이 책에서 일반적인 놀이만이 아니라, 좀더 치료적인 놀이까지 폭넓게 다루고 있다. 코언은 아이들과의 놀이를 다양한 각도에서 묘사하며, 어떻게 하면 좀더 잘 놀아주는 부모가 될 수 있을지 그 구체적인 방법들을 공유하고 있다.

코언은 아이들을 이해하려면 아이들 세계의 언어인 놀이를 배워야 한다고 이야기한다. 놀이는 아이들 삶의 이야기를 들을 수 있는 몇 안 되는 방법 중 하나다. 가령 자동차 사고를 경험한 아이는 장난감 자동차를 충돌시키면서 논다. 누군가에게 맞은 아이는 인형으로 다른 인형을 때리며 논다. 지진을 경험한 후에는 탁자 위에 커다란 블록 탑을 쌓아놓고 탁자를 심하게 흔들어 블록을 무너뜨리며 논다. 아이들은 제 속에 있는 복잡한 감정들을 놀이 세계 안에서 재현하며 극복하곤 한다. 아이들의 이런 놀이 언어에 민감하면, 아이가 놀이로 무언가를 말하고 싶어할 때 그것을 잘 듣고 헤아리는 부모가 될 수 있다.

어떻게 놀아야 잘 노는 것일까. 코언의 말에 따르면, 바닥에 주저앉아 잘 노는 부모가 육아의 고수다. 바닥에서 논다는 것은 아이들이 놀고 싶어하는 바로 그 자리에 주저앉아 논다는 뜻이다. 아이에게 순간순간 잘 반응하며 아이 눈높이에 맞춰 놀아주는 것을 말한다.

노는 방법은 그리 복잡하지 않다. 처음에는 10분이나 15분 정도로 시작해도 괜찮다. 다만 어떤 놀이든 아이가 원하는 방식대로 할 거라는 조건을 건다. 노는 시간은 부모가 정하고, 노는 방식은 아이가 정하게 하는 것이다. 평소 금지된 활동이라도 아이가 하고 싶어한다면 잠시 시간제한을 두고 해볼 수 있다. 침대에서 뛰지 못하게 했더라도 이 시간만큼은 부모와 같이 침대에서 뛰어 놀며 베개 싸움을 할 수도 있다. 아이에게 주도권을 주고 아이를 존중하면 아이 스스로 이 시간을 잘 활용할 방법을 찾아내게 된다.

코언은 부모들이 먼저 마음속 편견을 내려놓아야 좋은 놀이를 할 수 있다고 이야기한다. 가령 인형 머리를 뎅강 분질러 던지며 노는 아이가 있다고 하자. 대개의 부모는 이런 놀이를 끔찍하다고 생각해 중단시키려 할 가능성이 높다. 하지만 코언은 이때도 처음엔 아이와 같이 인형 머리를 분질러 던지며 노는 게 낫다고 조언한다.

아이들이 어떤 행동에서 벗어나려면 누군가가 그것을 받아들이고 관심을 보이는 게 필요하다. 최종 목표는 폭력적인 놀이를 그만두게 하는 것이지만, 일단은 아이가 하는 놀이를 같이해볼 필요가 있다는 것이다. 부모가 같이하면 아이는 부모를 통해 자기 놀이를 객관화해볼 기회를 얻게 되고, 충동을 제어할 새로운 방법을 시도해볼 여지도 생기게 된다. 코언은 부모가 아이의 놀이를 수용하지 않으면 아이는 자기 자신이 잘못되었다고 느끼게 되고 결국 그런 행동을 실생활로 끌고 나올 가능성도 있다고 경고한다. 놀이 세계에서는 어디까지나 수용이 우선이고, 개입은 나중이다.

아이들과 같이하는 놀이 중 부모들이 많이 어려워하는 게 역할놀이다. 아이들은 부모와 달리 역할놀이에 쉽게 빠져든다. 아이라는 역할 그 자체에는 도무지 만족할 수 없다는 듯이 선생님도 됐다가 괴물도 됐다가 어느새 아기가 되기도 한다. 아이는 당장 아무것도 될 수 없지만, 역할놀이를 할 때만큼은 모든 게 될 수 있는 존재처럼 보인다.

~인 척하기, 가작화놀이

실제로 이런 역할놀이는 아이들의 발달에서 매우 중요한 위치를 차지한다. 역할놀이를 하려면 '~인 척' 가장假裝을 할 수 있어야 하는데, 이런 가장이 아이들의 지적 사회적 발달을 촉진하는 데 매우 중요한 역할을 하는 것이다.

최근 들어 역할놀이에 초점을 맞춘 유아 교육 프로그램 중 '마음의 도구Tools of the Mind'라는 이름의 프로그램이 특히 많은 주목을 받고 있다. 우리나라에서는 '정신의 도구'로 부르기도 하는 이 프로그램은 러시아의 심리학자였던 레프 비고츠키Lev Vygotsky의 이론을 바탕으로 한다.

비고츠키는 아이들의 발달 단계에서 가작화놀이make-believe play를 매우 중요하게 생각했다. 가작화놀이의 기본은 '~인 척하기'다. 가상의 상황을 만들어 상황 속 역할이 된 것처럼 노는 것을 말한다. 가작화놀이에서는 아이들 스스로가 자유롭게 이야기를 만들며 노는 것이지만, 상황이 부여한 규칙과 가능한 시나리오가 있기에 아이의 행동 범위가 아주 자유롭지만은 않다. 비고츠키는 이런 놀이를 통해 아이들의 자기조절 능력이 향상된다고 보았다. 방법을 간단히 살펴보자.

① 놀이 계획을 짠다. 그리거나 끄적이는 수준으로라도 아이 스스로 계획을 적도록 한다. 교사의 도움을 받아 놀이 시간에 맡을 역할과 역할에 따른 할 일들을 적는다.

② 놀이 계획을 바탕으로, 긴 시간(45분) 역할에 부합하는 놀이를 지속한다.

③ 아이가 다른 행동을 하거나 산만해지면 교사는 "놀이 계획에 있는 거니?"라고 묻고, 계획으로 돌아가게 한다. 교사는 놀이를 간접적으로 도울 뿐 직접 가르치지는 않는다.

'마음의 도구'를 적용한 유치원에서는 이런 역할놀이를 정규 프로그램에 넣어 체계적으로 연습하게 한다. 이 프로그램의 목표는 단순히 스토리텔링이나 연기력을 개발하는 데 있지 않다. 놀이 계획을 세우고 그것을 바탕으로 긴 놀이 시간을 갖도록 격려하는 게 '마음의 도구' 프로그램의 핵심이다.

언뜻 보면 매우 단순하다. 실제로 이런 놀이를 지원해줄 수 있도록 교사들을 훈련하는 것 외에는 여느 유치원의 프로그램과 다를 바가 없다. 하지만 효과는 매우 강력하다. '마음의 도구' 프로그램이 아이들의 자기조절력을 향상시킬 뿐만 아니라 학업 준비에도 도움이 된다는 증거가 속속 나오고 있다. 가작화 놀이를 하려면 어느 정도의 상징적 사고, 추상화, 자기조절 능

력을 필요로 하지만, 다른 한편으로는 놀이를 통해 그러한 능력
들이 길러지기도 한다.

성숙한 가작화놀이는 말하자면 상상과 현실을 매개하는 놀이
다. 상상에만 머물지 않고 구체적인 계획을 짜서 행동에 옮겨봄
으로써 스스로 자기 자신을 만들어가는 훈련을 하는 것이다. 놀
이지만 훈련의 요소가 들어가 있다. 아이들 스스로 자신이 만든
이야기를 가지고 놀며 훈련하는 동안 자연스럽게 인지적 도약
이 일어나는 것이다.

비고츠키 학파의 연구자들은 아이가 아주 어렸을 때부터 부
모가 아이의 놀이를 가작화놀이의 방향으로 넌지시 이끌어줄
필요가 있다고 이야기한다. 대개 아이들은 만 4세 정도는 되어
야 좀더 복잡한 형태의 역할놀이가 가능하지만, 그보다 어렸을
때도 부모가 방향 제시는 할 수 있다. 가령 아이가 숟가락을 집
는 행동을 하면, 옆에 있는 인형을 보면서 "인형한테 먹여줄까?
네가 먹여줄 거야?"라고 물을 수 있다. 마찬가지로, 아이가 트
럭을 굴리며 논다면 "트럭을 이쪽으로 몰고 와서 연료를 넣지
않을래? 연료가 다 떨어졌을 것 같아"라고 아이에게 제안해볼
수 있다. 이때 아이가 트럭을 몰고 온다면 부모는 연료를 넣는
척 연기하며 반응해주면 된다. 물리적 조작에서 가작화놀이로
나아가도록 부모가 살짝 밀어주는 것이다.

미국의 놀이학자 브라이언 서턴스미스Brian Sutton-Smith는 "아이들이 자기 이야기를 하고, 자기 그림을 그리며, 자기 세상을 건설하고, 자기 시나리오를 연기하며, 자기 꿈을 계속 살릴 수 있도록 길을 찾아주어야 한다"고 이야기했다. 아이들의 놀이를 지지하는 것은 결국 아이가 자기 것을 만들어가도록 돕는 가장 효과적인 방법이다.

진료실에서 만난 한 엄마가 이런 이야기를 했다. "저는 열정이 없는 것 같아요. 왜 그런가 곰곰이 생각해봤는데 어려서 재미있게 놀아본 경험이 별로 없어서 그런지도 모르겠어요. 행복하지 않은 어른들이 아이들을 재미없게 키우고, 그 아이들이 결국 문제를 일으키는 것 같아요." 안타까우면서도 공감이 가는 말이었다.

부모라는 역할놀이

잘 노는 부모만큼 좋은 본도 없다. 부모가 가진 열정의 지점들을 보는 것, 부모가 자신의 삶을 즐기며 사는 모습을 보는 것만큼 아이에게 유익한 일도 없을 것이다. 아이들은 그런 부모를 마음속으로 기분좋게 그리며 자신의 삶을 낙관적으로 이끌어갈 수 있다.

아이들을 어떤 틀에 맞춰 놀려야 한다고 생각하는 것 역시 인위적인 것인지도 모른다. 부모로서 내가 즐겁게 사는 것, 그것이 아이들에게 가장 좋은 교육일 것이다. 현실을 끌어안거나 또는 넘어서기 위한 하나의 방식으로서의 놀이, 나와 우리 아이들이 그런 놀이를 같이하며 이 세계를 헤쳐나갔으면 한다.

부모 되기도 일종의 역할놀이다. 부모로 자기 자신을 규정하고 그 역할에 충실하기 위해 노력하는 과정에서 서서히 부모가 되어간다. 처음엔 연기 같아도 나중에 보면 어느새 부모다운 면이 늘어나 있다. 부모다운 게 뭔지 애초에 정해진 건 없다. 지금 내게 주어진 부모라는 역할놀이를 최선을 다해 하는 것이 내가 바라는 내가 되는 하나의 방법인 것 같다. 어설픈 연기라도 기왕 시작한 것, 끝까지 즐겁게 해내고 싶다. 나와 우리 아이들이 즐겁다면 설령 그럴듯한 뭔가가 되지 않는다 해도 크게 상관은 없을 것이다.

아이들도 관계가 힘겹다

쌍둥이가 유치원에 다니기 시작한 지 며칠 지나지 않았을 때의 일이다. 유치원에 가서 좋은 게 있는지 하준이에게 물었더니 "이만큼" 좋다며 엄지와 검지 사이를 1센티 정도로 살짝 벌렸다. 아주 조금 좋다고 했다. 그러더니 "이만~큼"은 싫다며 양손을 뻗어 하늘 높이 크게 원을 그렸다. '이만큼'이라고 할 때 '만' 자는 한껏 길게 빼며 말했다. 싫은 것투성이라고 했다.

하성이는 하성이대로 자꾸만 내게 전보다 더 거친 놀이를 걸어왔다. 같이 놀다가 뭔가를 못 하게 제지했더니 하성이가 "앙!" 하고 큰 소리를 내며 열 손가락을 펴 내 얼굴 가까이로 갖다 댔다. 괴물 흉내를 낸 것이었다. 어디까지나 놀이 상황이었지만 평소보다 표현이 컸다. 나는 깜짝 놀라며 뒤로 꽈당 넘어지는 척을 했다. 아이는 만족스러운 표정을 지었다.

그러더니 아이가 문득 친구 이름 하나를 말했다. 반에서 제일 큰 애가 있는데, 그 아이와 싸움을 했다고. 순간 속이 덜컥 내려앉았다. 한 대 얻어맞기도 한 모양이었다. 자기는 괴물 흉내만 낸 것뿐인데, 그애가 자기를 벽 쪽으로 세게 밀쳐 넘어뜨리고 때렸다는 것이었다. 울었냐고 물었더니 울지는 않았다고 했다. 하준이에게 하성이가 싸우는 거 봤냐고 물었더니 보지는 못하고 소리만 들었다고 했다.

그리 유쾌한 기분이 아니었다. 싸우며 크는 게 아이들이라지만, 아이가 처음으로 누군가에게 맞고 들어왔다고 했을 때, 나는 그런 말을 들을 준비가 되어 있지 않았다. '어떤 녀석이야?' 하는 은근한 분노가 일었다.

속이 상해서 처음엔 나도 모르게 이런 말이 튀어나왔다. "너도 같이 밀치지 그랬어!" 좋은 대응이 아닌 줄 알면서도 그렇게 말하고 있었다. 하준이보고는 다음에 비슷한 일이 있으면 하성이와 같이 싸워주라고 했다. 그 말을 하며 나 스스로도 내가 조금은 우스웠다. 쌍둥이끼리 힘을 합쳐 친구를 혼내주라니 유치한 얘기였다. 도와주면 서로를 얼마나 도와주겠나 싶기도 했다.

다음엔 맞서 싸우지 말고 선생님에게 꼭 말씀드리라고 이야기했다. 그러고는 잊었다. 며칠 뒤 물었을 땐 그 아이와도 잘 지낸다고 했다. 하준이도 친구가 생겼다고 했다. 반에서 덩치가 제일 작은 아이가 있는데, 그애가 자기를 따라다녀서 잘 챙겨준다고 말했다. 내가 괜한 걱정을 한 것 같았다. 하준이 하성이 둘 다 유치원에 무난히 잘 적응하는 것 같았다.

쌍둥이가 다니는 유치원은 부모가 미리 신청을 하면 유치원에 방문하여 한 시간가량 아이들 생활을 관찰할 수 있는 기회를 준다. 참관수업을 따로 하는 게 아니다. 아이들 몰래 가서 교실 옆에 붙어 있는 참관실에 들어가 일방경one-way mirror을 통해 아이들의 생활을 엿보는 것이다. 일방경이란, 안에서는 밖이 보이고 밖에서는 안이 보이지 않는 특수 유리를 말한다. 교실 쪽에서는 일방경이 거울처럼 보이지만, 참관실 쪽에서 보면 유리창과 다를 바 없이 안이 들여다보인다. 아이는 물론 부모가 와 있는 줄 모르고 평소처럼 생활한다.

아이들이 유치원에 다니기 시작한 지 어느덧 석 달이 됐다. 그동안 나는 아이들이 다니는 유치원에 한 번도 가보지 못한 게 못내 아쉬웠다. 유치원이라는 공간이 궁금하기도 했고, 그 안에서 아이들이 어떻게 놀고 배우는지도 보고 싶었다. 오래전에 참관 신청을 했는데, 이제야 우리 차례가 돌아왔다.

햇살이 따가운 어느 초여름 날, 우리 부부는 쌍둥이의 유치원 생활을 보러 나들이에 나섰다. 하영이, 하겸이까지 데리고 말 그대로 온 가족이 총출동했다. 이제 갓 두 달 된 막내와 20여 개월 된 하영이가 참관실 안에서 한 시간 정도를 잘 참고 있어 줄까 걱정은 됐지만, 달리 누군가에게 맡기고 갈 방도도 없어서 다 같이 나서기로 했다.

약속된 시간인 오전 10시 반에 유치원을 방문했다. 원감님은 몇 가지 주의할 점을 이야기해주셨다. 안에서는 참관실이 보이지 않지만 소리는 들어갈 수 있다고, 그래서 휴대폰도 반납하고 들어가야 하고, 아기도 소리를 내지 않게 조심해주셔야 한다고 했다. 함께 데려온 아이들을 보고 걱정하는 눈치셨다. 또한 오늘 보게 될 아이의 모습은 아이가 유치원에서 생활하는 전체 모습이 아니고 한 단면일 뿐이니, 혹시 부정적인 면이 보이더라도 크게 염려하지 말라는 말씀도 덧붙이셨다. 아이들 생활을 참관하고 나서 되레 걱정하게 되는 경우가 있을 수 있겠다는 생각이 들었다. 그게 우리가 될 줄을 그때는 미처 몰랐다.

긴 복도를 지나 아이들이 생활하는 교실 너머의 참관실로 들어갔다. 불을 켤 수 없게 되어 있어 안이 어둑어둑했다. 한 평이 채 안 되게 꽤 좁은 방이었다. 선풍기도 하나 없었다. 날은 이미 상당히 무더웠다. 참관실에 들어가는데 하영이가 조금 무서워했다. 먹을 것으로 아이를 달래며 안으로 데리고 들어갔다. 내가 하영이를 안았고, 아내는 하겸이를 챙겼다. 방에 들어가서 봤더니 한쪽 벽면이 일방경으로 되어 있었다. 창을 통해 교실 안이 그대로 들여다보였다. 내 눈이 관찰 카메라의 렌즈가 된 것만 같았다. 흥미가 발동하기 시작했다. 숨죽인 채 아이들의 모습을 엿보았다.

아이들은 선생님 앞에 반원 모양으로 빙 둘러앉아 수업을 듣고 있었다. 두 줄로 모여 앉아 있었는데, 하성이는 앞줄 한가운데 하준이는 앞줄 왼편에 자리잡고 있었다. 스물네댓 명의 아이들 틈에서 우리 아이들의 얼굴을 막 찾았을 때의 반가움이란…… 집에서는 귀찮을 때도 종종 있었는데, 밖에서 보니 그렇게 반가울 수가 없었다. 선생님이 질문할 때마다 아이들이 너도 나도 씩씩하게 대답하고 있었다. 우리집 아이들의 목소리를 들으려고 귀를 쫑긋 세웠다. 하준이 하성이의 목소리도 간간이 들려왔다.

아이가 즐거운 표정을 짓고 씩씩하게 대답할 때마다 내 마음도 같이 동했다. 다른 아이들에 가려 둘의 얼굴이 보였다 안 보였다 할 때면 애타는 마음이 들기도 했다. 아이들이 자리에 차분히 앉아 수업에 집중하고 있는 모습을 보는 것만으로도 기특하고 대견했다. 벌써 아이들이 이만큼이나 컸다니. 잔잔한 감동

이 밀려왔다.

문제는 놀이 시간이 시작되면서부터였다. 교실은 몇 개의 영역으로 나뉘어 있었는데, 선생님의 지도에 따라 그날그날 자기가 놀고 싶은 영역을 선택해 그곳으로 가서 놀기로 되어 있었다. 역할놀이, 쌓기놀이, 만들기, 미술 활동 등의 영역이 있었다.

하준이는 놀이 시간이 되자 여기저기 돌아다니기 시작했다. 아이들에게 말을 붙이긴 했지만 별 소득은 없었다. 하준이는 친구가 노는 걸 잠시 들여다보다 곧 떠나곤 했다. 무리에 쉽사리 녹아들지 못하고 있었다. 한 가지 놀이를 진득하니 하지 못했다. 시간이 갈수록 더 배회하는 모습이었다. 아이들은 각자 자기 놀이 하기에 바빴다. 처음엔 아이들 앞으로 다가가 얼굴을 들이밀며 말을 걸기도 하고 역할놀이 영역에 가서 친구들과 같이 모자를 써보기도 하는 등 여러 시도를 했다. 하지만 워낙 자기들끼리의 활동에 몰입해 있어서 하준이가 하는 걸 주의깊게 돌아봐주는 아이는 없었다.

하성이마저도 하준이에게 관심을 주지 않았다. 집에서는 둘이 친하게 어울려 노는 때도 자주 있었지만, 유치원에선 전혀 달랐다. 마치 남인 양 서로에게 아무런 관심도 주지 않고 전혀 다른 동선으로 돌았다. 하준이 표정에서 지루함이 묻어났다. 급기야 하준이는 교실 바깥으로 혼자 나가버렸다. 두 분 선생님이 알아차리지 못한 사이, 순식간에 벌어진 일이었다. 나갈 시간도 아니었고, 따로 나갈 일도 없었다. 화장실도 교실 안에 있었다. 다행히 2~3분 있다가 돌아오긴 했다. 하지만 내심 걱정이 됐다. 왜 밖으로 나갔을까, 평소에도 이런 일이 반복되고 있는 건 아닐까. 도무지 알 수 없었다.

나갔다 들어온 뒤로는 한 선생님 곁에 붙어 앉았다. 하준이가 잠시 어리광을 부리는 것 같았는데, 선생님이 다행히도 잘 받아주셨다. 하준이를 안아주기도 하고 쓰다듬어주기도 하면서 관심을 기울여주셨다. 하준이 표정이 다시 밝아졌다. 선생님은 하준이를 미술 활동 영역으로 데려갔다. 하준이는 선생님으로부터 종이를 한 장 받아들고 열심히 도장 찍기 놀이를 하며 나머지 시간을 보냈다. 이미 놀이 시간의 절반 이상이 흐른 다음이었다. 배회하다 겨우 하나의 놀이에 정착했는데, 그마저도 선생님의 도움이 있어 가능한 일이었다.

아이가 노는 걸 직접 보니 여러 걱정이 들기 시작했다. 하준이는 놀이를 시작하는 데 분명 어려움을 겪고 있었다. 친구들에게 잘 다가가지 못했고, 놀자고 청할 때도 혼자 중얼중얼 얼버무리는 버릇이 있었다. 친구들에게 하준이의 의도가 잘 전달되지 못하고 있었다.

다음으로 하성이를 살펴봤다. 하성이는 자기보다 덩치가 더 큰 남자아이들 몇몇과 같이 놀았다. 소아과에서 발달을 체크해 보면 하성이가 체격으로는 상위에 속하는 편이었다. 하지만 어딜 가나 더 큰 아이는 있는 법, 같은 반 아이 몇몇은 하성이보다 꽤 컸다. 여섯 살 내지 일곱 살쯤 되어 보이는 아이들이 있었다. 특히 한 아이가 눈에 띄었다. 가만 이름을 들어보니 그 아이가 전에 하성이가 싸웠다고 말한 바로 그 아이였다. 그 아이는 체격이 좋고 움직임이 활달했다. 그 아이 주도로 네다섯 명의 남자아이들이 교실을 휘젓고 다니며 역할놀이, 만들기, 블록 쌓기 등을 하면서 이것저것 가지고 놀았다. 하성이는 그 안에서 간혹 즐거워 보일 때도 있었지만 전반적으로는 덩치 큰 친구들에 조금은 치이는 모양새였다. 하성이가 놀이를 제안할 때도 있었지만 대개는 받아들여지지 않는 것 같았다. 목소리를 높여가며 조르다시피 뭔가를 하자고 해도 아이들은 대장 격인 아이를 따라 또 어딘가로 가서 놀곤 했다. 하성이의 뜻이 관철되지 않고 있었다.

문제는 하나 더 있었다. 하성이는 자기보다 체구가 작은 아이들을 종종 방해했다. 하성이는 평소에도 옳고 그름이 분명하고 자기주장이 비교적 뚜렷한 아이였다. 유치원에서 보니 친구들에게도 그러고 있었다. 그날은 여러 아이들이 역할놀이 영역에서 낚시놀이를 하고 있었는데, 몇몇 친구들이 자기 마음대로 놀려고 하니까 하성이가 자꾸 올바른 방법을 가르쳐준다며 지적을 하고 있었다. "그럼 안 돼. 하지 마" 하는 소리가 들려왔다. 여자아이 하나를 손으로 슬쩍 밀기도 했다. 선생님이 다가가 중재해야 하는 상황까지 갔다.

평소에도 자기보다 덩치가 작은 친구들을 저렇게 함부로 대하고 있으면 어쩌나 하는 걱정이 들었다. 큰 아이들 틈에서 스트레스를 받다가 작은 아이들에게 가서 푸는 건 아닐까 하는 생각도 들었다. 친구들을 자꾸 지적하는 것도 문제였다. 집에서 하영이가 방해하면 부드럽게 "하지 마"라고 말하도록 가르쳤는데, 그걸 유치원 친구들에게 잘못 써먹고 있는 것 같기도 했다.

참관을 마치고 나온 우리 부부는 아이들에 대해 안쓰러우면서도 답답한 마음이 들었다. 참관 이후 걱정이 느는 부모가 있다더니, 우리가 딱 그랬다. 이래저래 심경이 복잡해졌다. 이제 겨우 시작인 셈이지만, 유치원도 엄연히 하나의 사회였다. 그곳에서 아이들은 만만찮은 사회생활의 첫걸음을 내딛고 있었다. 아이들은 자기 나름대로 사회에 적응하려 애쓰고 있었다. 그걸 보고 있자니, 아이들에 대해 절로 애틋한 마음이 일어났다. 집에 오면 더 잘해주어야지 하는 생각도 하게 됐다.

하지만 한편으로는 이래서 되겠는가 하는 생각도 들었다. 쌍둥이는 본래 어느 정도 키워놓으면 수월한 점이 많다. 부모가 따로 놀아주지 않아도 심심할 겨를 없이 서로 잘 놀기 때문이다. 그건 그것대로 참 좋은 점이다. 하지만 문제는 자기들끼리만 놀다보니, 사회적 기술이 좀처럼 늘지 않는다는 데 있었다. 자연스럽게 놀이에 참여하고, 친구를 배려하고, 적절히 자기주장을 하는 등의 기술을 연마할 기회가 부족했다. 처음부터 잘되란 법은 없다. 앞으로 시행착오를 거치며 하나씩 배워나갈 일들이다. 하지만 가만 내버려두기보다 부모가 어떻게든 조금은 거들어야 하지 않을까 하는 생각을 하게 됐다. 다시 또 새로운 고민에 봉착했다.

『어른들은 잘 모르는 아이들의 숨겨진 삶』
마이클 톰프슨 외 지음, 김경숙 옮김, 양철북, 2012

장자크 상페의 『얼굴 빨개지는 아이』에는 이유 없이 얼굴이 빨개지는 아이 마르슬랭 카이유와 시도 때도 없이 재채기를 해대는 르네 라토가 등장한다. 둘을 이어주는 연결고리는 각자가 가지고 있는 약점이다. 둘은 서로의 약점을 개성으로 받는다. 서로를 있는 그대로 받아주는 데서 자연스러움이 생겨난다. 둘은 아무것도 하지 않고 같이 있어도 전혀 어색하지가 않다.

언젠가 아내가 친구를 만나고 오더니 얼굴이 활짝 폈다. 이유를 물었더니 그 친구를 만나면 "내가 원래 이야기를 잘하는 것 같은 착각이 들 정도로 이야기를 많이 하게 된다"고 했다. 친구들끼리는 원래 말이 많다. 서로를 지지하는 가운데 자기도 모르게 자기 것을 표현하게 되기 때문이다. 친구와 이야기하며 서로의 기쁨과 걱정, 삶의 어려움을 정당화한다. 그렇게 우정을 통해 우리는 자신을 더 잘 알게 된다. 자기가 선택한 친구의 눈을 통해 스스로의 모습을 보며 우리 자신이 되는 것이다.

인간만이 애틋하게 친구를 찾는 건 아니다. 동물의 세계에서도 우정은 종종 발견된다. 최근 한 연구에서는 기린에게도 좋아하는 친구가 따로 있다는 게 밝혀져 주목을 끌었다. 오스트레일리아 퀸즐랜드 대학의 케린 카터는 14개월 동안 나미비아의 에토샤 국립공원에서 야생 기린 535마리를 관찰했다. 카터는 기린도 인간처럼 개체 간에 호불호가 뚜렷한 관계를 맺으며 살아간다는 점을 밝혀냈다. 각각의 암컷 기린은 어울리고 싶어하는 특정 무리가 있었고, 다른 그룹은 기피했다. 기린도 서로서로 뭉쳤다 떨어졌다를 반복하는 분열-융합사회fission-fusion social system를 이루며 살아가고 있었던 것이다. 이처럼 개체 간의 선호가 분명한 사회적 관계를 이루고 살아가는 다른 동물로는, 회색캥거루, 청백돌고래, 긴귀박쥐 등이 있다.

사회적 동물인 인간은 친밀했던 관계가 소원해질 때 큰 고통을 겪곤 한다. 친구의 눈에서 질투의 시선을 느낄 때, 어느 날 문득 친구와 같은 자리를 놓고 경쟁하고 있었다는 걸 깨닫게 될 때, 친구는 더이상 예전의 친구가 아니게 된다. 아무리 친한 사이라도 작은 일로 사이가 틀어질 때가 있다. 친구에게 비밀스럽게 한 이야기가 밖으로 전해져 입에서 입으로 회자되면 누구라도 큰 배신감을 느끼게 된다. 잘 알던 친구가 표변할 때 서운함의 크기는 더욱 크다.

우정의 비극은, 오늘의 친구가 내일의 원수가 될 수 있다는 데 있다. 실은 그 역도 사실이다. 지금의 적도 언젠가는 다시 친구로 만날 수 있다. 친밀함은 늘 상대적이고 관계는 계속 움직인다. 사회생활이 쉽지 않은 이유는, 이런 복잡다단한 관계의 역학이 매순간 서로 다른 차원에서 작동하며 개인에게 영향을 미치기 때문이다.

아이에게도 아이대로의 사회생활이 있다. 아이의 우정이 마냥 행복하고 낭만적인 것만은 아니다. 아이들이 경험하는 집단생활의 민낯을 보여주는 책으로 『어른들은 잘 모르는 아이들의 숨겨진 삶』만한 것도 없을 것이다. 마이클 톰프슨Michael Thompson과 공동 저자로 참여한 캐서린 오닐 그레이스Cathrtine O' neill Grace, 로런스 코언은 이 책에서 또래 관계의 중요성과 우정의 힘, 집단의 역학을 세밀한 필치로 그려내고 있다. 저자들의 시선은 따스하면서도 정확하다. 이 책을 통해 부모들은 아이들의 헌신적인 우정이 어떻게 심각한 인기 쟁탈전으로 변질되는

지, 또래 집단 내부에서는 왜 그렇게 잔인한 일들이 벌어지는지, 그런 과정에서 부모는 무엇을 도와줄 수 있는지 등을 배울 수 있다.

아이가 또래 관계에서 어려움을 겪는 걸 지켜보는 건 부모로서 결코 쉬운 일이 아니다. 아이가 맞고 왔을 때, 계속 못되게 구는 친구가 있다고 말할 때, 부모라면 누구든 사나운 마음이 들게 마련이다. 자연스러운 보호본능이지만 그 본질은 역시나 공격적이다. 하지만 당장 공격할 대상은 보이지 않고 조바심만 난다. 그러다 이내 무력감이 찾아든다. 당장 해줄 수 있는 일이 별로 없기 때문이다. 마이클 톰프슨은 이 책에서 "가장 능력 있는 부모조차도 아이의 일로 스트레스를 받으면 자신감이 와르르 무너져내리는 고통을 느낀다"고 이야기한다. 부모가 된다는 건 그의 말마따나 "무력감에 휩싸여 앉아 있는 숱한 시간들을 의미"하는 것인지도 모른다.

아이의 사회성은 어떻게 길러질까

그렇다고 부모가 해줄 수 있는 일이 전혀 없는 건 아니다. 아이가 본격적으로 친구를 만나기 전 부모가 해줄 수 있는 가장 중요한 일은 아이와 단단한 애착을 형성하는 것이다. 아이는 "애착의 이력을 갖고" 친구들에게 다가간다. 부모와 맺은 관계의 상이 친구와 나눌 우정의 밑그림이 되는 것이다. 단단한 애착을 맺은 결과 아이는 세상이 비교적 안전하고, 자신은 환영받을 만한 존재이며, 인간성에는 따뜻한 일면이 있다는 사실을 기본적으로 신뢰한다. 애착이 이 모든 일을 가능하게 한다. 세심하게 반응하며 보살펴주는 부모의 상이 아이 마음에 확고히 자리잡을 때, 아이는 자기 마음속에 누군가를 편안하게 받아들일 수 있다. 친구가 바로 그 자리로 들어온다.

애착을 살피는 것 다음으로 부모가 할 일은, 또래 관계의 역학을 이해하는 것이다. 부모는 집단의 가공할 힘을 간과해서는 안 된다. 집단 동조화의 힘은 매우 강력하다. 이 책에서는 또래 집단의 법칙을 다섯 가지로 나누어 이야기한다. 첫째 "네 또래와 똑같아져라", 둘째 "반드시 집단에 속해야 한다", 셋째 "들어와라, 아니면 나가라", 넷째 "서열 속에서 네 자리를 찾아라", 다섯째 "반드시 역할이 있어야 한다"가 그것이다.

집단은 누가 바깥에 있고 누가 안에 있는지 명확히 나누려는 속성이 있다. 구성원 중 하나가 조금만 달라도 차별하고 배척한다. 아이들은 친구들과 같아지려 끊임없이 애를 쓴다. 포함과 배제는 집단 결속의 강력한 도구다. 아이는 집단의 배타성에 고통받지만 한편으로는 그런 집단의 일원이 되고 싶어한다. 또한 어딜 가나 서열이 있다. 줄 세우기는 집단의 필연적 현상이다. 홈스쿨링 하는 아이들을 운동장에 모아놓아도 이런 현상은 발생한다. 아이들은 서열로 나뉠 뿐 아니라 역할로도 구분된다. 집단마다 리더, 웃기는 아이, 아첨꾼, 내숭쟁이, 운동선수, 바람둥이, 희생양 등이 있다. 한 아이가 리더가 되고, 다른 아이는 희생양이 되는 게 개인적 행동의 결과물인 것만은 아니다. 아이가 어떤 역할을 맡을지는 사실상 집단이 결정한다. 집단의 보편적 힘이 각 구성원에게 역할을 할당하는 것이다.

저자들은 이런 관점에서 도덕성을 개인의 자질로만 보아서는 곤란하다고 지적한다. 착한 아이도 집단 안에서 나쁜 역할을 부여받으면 비도덕적 행동을 하게 되기도 한다는 것이다. 나쁜 짓에 동참한 아이들은 종종 "제가 왜 그랬는지 모르겠어요. 저도 제 자신이 이상해요"라고 말한다. 양심은 기질의 한 부분이지만, 도덕은 아이가 속한 집단의 양상이다. 아이의 행동은 집단이 아이에게 부여한 역할일 수 있다. 아이의 문제행동을 살필 때는 아이가 속한 집단의 구성도 함께 살펴보아야 한다.

민주적 환경에서 자란 아이가 서로를 더 존중한다

집단의 성향은 개인의 공격성 발현에도 심대한 영향을 미친다. 전체주의, 민주주의, 자유방임주의적 훈련을 받은 아이들을 나눠서 본 한 연구에서는, 독재적인 리더십 밑에서 훈련받은 아이들이 민주적인 리더 아래서 교육받은 아이들보다 30배 더 적대적이고 8배 더 공격적이었다는 보고가 있었다. 아이들이 서로를 대하는 방식은 아이가 어떤 역할 모델을 경험해왔느냐에 따라 달라진다. 민주적인 방식을 경험한 아이들일수록 서로를 더 존중한다. 독재적인 방식을 경험해왔다면 낮은 지위에 처한 아이들을 멸시하기 쉽다. 어른들이 아이들의 행동을 마냥 철없다 비난해서는 안 되는 이유도 여기에 있다. 아이들은 우리 사회의 약한 고리다. 아이의 문제는 사회의 문제를 반영한다. 이 책의 저자들은 아이들의 문제행동을 따로 놓고 볼 것이 아니라 어른들의 거울상으로 보고 함께 치유해나가야 한다고 이야기한다.

아이가 무리에서 고통을 겪고 있다고 무작정 아이를 집단에서 빼내올 수도 없는 일이다. 톰프슨은 집단이 고속도로라면 우정은 이면도로쯤 된다고 이야기한다. 이면도로를 달리면 길모퉁이의 흥미로운 풍경도 만날 수 있고 중간중간 쉬어갈 수도 있다. 한편, 고속도로를 타면 흐름에 합류해 어딘가에 빠르게 다다를 수 있다. 아이들을 우정의 이면도로에서만 살게 하면 되지 집단생활이라는 고속도로에 내보낼 필요가 없지 않느냐 하는 건 순진한 생각이다. 아이가 고속도로에 합류해야 할 때도 있다. 때론 아이 스스로도 그것을 원한다.

집단에 속해 삶을 만끽하고 모험에 동참하는 건 아이들이 자라며 꼭 경험해봐야 할 일이다. 톰프슨은 얼핏 모순처럼 들리지만, "아이가 모험적이길 바란다면, 아이를 더 많이 안아주어야 한다"고 이야기한다. 부모 마음에 들지 않아도 여유를 가지고 아이가 하는 일에 박수를 쳐줄 수 있어야 한다는 것이다.

지나치게 민감한 것도 문제지만, 필요할 때 적절한 반응을 보여주지 못하는 것도 문제다. 부모는 균형을 잡고 바로 서야 한다. 아이를 느긋하게 바라봐야 할 때가 있고 눈을 크게 뜨고 문제 속으로 들어가야 할 때도 있다. 아이가 명백히 궁지에 몰렸다면 부모가 나서서 대응할 채비를 해야 한다. 부모가 나서야 해결되는 일도 있다. 아이에 대한 집단의 인식이 굳어진 경우 당장은 상황을 바꾸는 데 무력할 수 있다. 하지만 아이에게 친구 사귀는 기술을 가르쳐주고 자신감을 회복할 수 있도록 개별적인 활동을 마련해주는 등 부모가 할 수 있는 일은 많다. 부모는 아이의 사회생활을 장기적으로 뒷받침하는 존재가 되어주어야 한다.

부모가 적절하게 대처하지 못하는 이유가 부모 자신에게 있는 경우도 많다. 톰프슨의 다음과 같은 지적은 의미심장하다. "내 경험에 따르면, 부모의 슬기로운 해결을 가장 강력하게 가로막는 요소는 무엇보다도 그들 자신에게 남아 있는 어린 시절의 고통스런 기억들이다. 누구나 자기가 겪었던 고통을 아이들만큼은 겪지 않게 해주고 싶어하지만 그때 자신에게 어떤 일이 있었는지는 정확하게 기억하지 못하는 경우가 많다." 아이를 있는 그대로 받아들이려면, 부모 먼저 자기 자신을 있는 그대로 받아들이겠다는 마음가짐, 그런 마음의 연습이 필요하다. 부모는 아이의 문제를 상대하며 동시에 자신의 문제를 마주하곤 한다. 다행인 건, 우리에게는 주어진 문제를 풀 시간이 남아 있다는 것이다. 피하지 말고 하나씩 같이 풀어가야 한다.

관계가 그릇이라면 좋은 관계는 서로의 변화에 맞출 수 있는 여지가 있어야 한다. 아이는 계속 자란다. 그릇이 작으면 변화를 수용할 수 없다. 더 큰 그릇을 빚어 아이의 발전을 수용할 때 좋은 관계를 오래 유지할 수 있다. 아이는 밖으로 나갔다가도 언제든 다시 돌아올 수 있다. 톰프슨은 이렇게 말한다. "당신은 결코 자녀들을 영원히 떠나보내는 것이 아니다. 실제로 아이들은 결코 당신을 떠나지 않는다. 아이들이 다 자란 성인 행세를 하지만, 그들은 당신을 항상 염두에 두고 있으며, 부모가 자신에게 힘을 주고 용기를 주는 존재임을 알고 있다."

또 이렇게 조언한다. "나는 대학에 다니는 자녀를 둔 부모에게 항상 같은 조언을 해오고 있다. '이사하지 말고 같은 집에 계속 살고 되도록이면 이혼하지 말고 직업도 바꾸지 말고 전화기 옆에 꼭 붙어 있으세요. 아이들이 전화하지 않아도 꾸짖지는 마시고요.'"

부모는 그런 존재다. 아무 일도 하지 않는 것 같아도 많은 일을 한다. 기다림도 그중 하나다. 품을 더 넉넉히 키워 아이의 변화를 기쁘게 맞아들이자. 아이는 어느새 훌쩍 커 우리 앞에 와 있을 것이다. 그런 날이 올 것이다.

침입자, 방해꾼
혹은 영원한 라이벌?

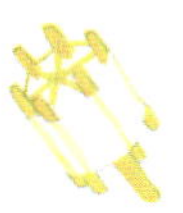

나는 삼형제 중 맏이다. 주위에서는 삼형제가 모두 생긴 게
비슷하다고들 하는데 어려서 그런 말을 들으면 도무지 이해가
되지 않았다. 생긴 것도 하는 짓도 전혀 다른데 왜 그렇게들 말
할까.

나는 길치다. 물건도 잘 못 찾는다. 기계를 다루는 데도 둔하
다. 연년생 동생은 나와 정반대다. 전에 한 번 갔던 길도 잘 알
고 물건도 잘 찾는다. 기계를 다루는 것도 능숙하다.

얼마 전 동생이 집에 다녀갔는데, 흔들리던 식탁을 튼튼하게
고쳐놓았다. 현관문의 문고리가 떨어진 것도 말끔히 도로 달아

주고 갔다. 나는 그런 게 잘 보이지가 않는다. 내가 잘할 수 있는 일이 아니라고 생각해서인지 아예 할 생각조차 들지 않는다. 뭔가를 고치는 데 나는 젬병인 것이다. 반면 동생은 그런 게 눈에 보이면 바로 해결하려고 든다.

어려서부터도 그랬다. 아버지가 물건 좀 찾아오라고 하면 나는 속으로 '못 찾으면 또 한소리 들을 텐데' 하는 걱정부터 하곤 했다. 역시나 잘 찾지 못하면 "첫째는 공부머리는 있어도 다른 쪽으로는……" 같은 이야기를 들어야 했다. 내가 늘 물건을 못 찾는 건 아니었지만 그런 이야기를 자꾸 듣다보니 나중엔 내가 그런 쪽엔 재주가 없나보다 하는 생각이 들었다. 실제로 소질의 차이가 있었던 것인지, 아니면 부모의 편견이 애초의 미세한 차이를 점점 더 크게 벌려놓았던 것인지 아직도 잘 모르겠다. 아마 둘 다일 것이다.

나는 동생이 아버지를 더 많이 닮았다고 생각하며 자랐다. 돌아가신 아버지는 손재주가 좋은 분이셨다. 동생을 보면 아버지가 보였다. 반면 나는 아버지를 닮은 구석이 별로 없는 것 같았다. 어머니는 그래도 내가 첫째고 공부를 잘했기 때문에 나를 아끼셨다. 나는 늘 '어머니 쪽인가보다' 하고 컸다. 반반씩 유전자를 받았으니 반반 닮았다고 보는 게 합리적일 텐데 어려서는 좀처럼 그런 생각이 들지 않았다. 편애가 작용한다고 느낀 적은 별로 없었지만 속으로는 우리 형제가 부모 중 누구 쪽에 더 가깝나 재보곤 했다.

지금은 해야 할 상황이 오면 조립 같은 것도 잘해내고 기계도 곧잘 만진다. 하지만 여전히 나는 물건이 얼른 안 찾아지면 당황하게 되고 고장난 물건 앞에서 꼬리를 내리게 된다. 아내도 이미 다 파악을 하고는 내게 별 기대를 하지 않는다. 사라진 내 안경을 찾는 것도 주로 아내 몫이고, 웬만큼 고장난 물건은 집사람 스스로 고치며, 결국 안 되면 사람을 불러 해결한다. 길 찾기는 더이상 문제가 되지 않는다. 스마트폰이 있으니까!

아이가 태어나면 누가 누굴 닮았는지 하는 이야기를 종종 듣게 된다. 우리집에서 하준이는 엄마 닮았다는 이야기를 많이 듣고 하성이는 아빠 닮았다는 이야기를 자주 듣는다. 하영이는 제 오빠인 하성이를 빼다박았다는 소릴 듣곤 한다. 막내인 하겸이는 하준이 하성이를 반반씩 닮았다는 얘길 듣는다. 쌍둥이가 막 태어났을 때 정작 나는 아이들이 나를 많이 닮지 않은 것에 실망했다. 오래도록 아이가 생기지 않아 시험관으로 아기를 가졌었는데, 아이를 보고는 속으로 '내 애가 맞긴 한가' 하는 생각도 해본 적이 있었다. 그런데 셋째 넷째를 보니 다 한 핏줄이라는 게 분명했다. 우리집 아이들을 나란히 줄 세워놓고 보면 가족이 피와 살로 이어진 관계라는 걸 즉각 깨달을 수 있다.

주변에서 하성이가 날 닮은 것 같다고 하니 처음엔 나도 모르게 하성이에게 더 마음이 갔던 게 사실이다. 그러다 조금 시간이 지나니 하준이에게로 더 마음이 기울었다. 한 살 두 살 아이들이 커가는 동안 한때는 하준이가 다른 때는 하성이가 더 많이 신경이 쓰였다. 요즘은 주변에서 누가 아빠 닮았느니 누가 엄마 닮았느니 하는 말을 해도 대부분 흘려듣고 만다. 그리 중요한 얘기도 아닐뿐더러 그 말에 영향받는 것도 그다지 유쾌한 일은 아니기 때문이다. 요새는 그저 네 아이 모두 내가 책임져야 할 내 아이라는 생각만 한다.

기질도 그렇다. 이전에는 하성이는 쾌활한 반면 하준이는 진중하다고 생각했다. 그게 그 아이들의 타고난 기질인 듯했다. 그런데 나중에 보니 그것도 내 편견이었다. 쌍둥이에 대해 각각 기질검사지를 작성해본 적이 있었는데, 거의 똑같은 결과가 나왔다. 붙여놓으니 차이가 도드라져 보이는 것이지 실제로는 별반 차이가 없었던 것이다. 누가 더 똑똑한가를 놓고도, 처음엔 하성이가 나은 것 같았는데 지금 보면 큰 차이가 없다. 읽는 것도 거의 같고 셈하기도 엇비슷하다. 따로 검사를 해보지는 않았지만 전반적인 인지발달에 큰 차이는 없어 보인다. 이런 과정을 통해 깨달은 건, 아이를 바라보는 시각을 어느 한 지점에 고정해놓아서는 안 된다는 것이었다. 아이들에 관한 한 부모의 판단은 늘 신중할 필요가 있다.

추석 연휴 막바지에 모처럼 나들이를 했다. 인근 저수지 근처에서 바람을 쐬기로 한 것이다. 너른 풀밭에서 아이들과 축구도 하고 흙장난도 하면서 재미있게 놀 생각이었다. 하지만 막상 가보니 날도 덥고 햇빛도 너무 강해서 오래 놀 수가 없었다. 10여 분 놀다 다시 그늘로 가 쉬기를 반복해야 했다.

아이들도 별로 재미없어 하는 눈치여서 그냥 집에 갈까 하던 차에 연 날리는 사람들을 봤다. 아이들도 연에 흥미를 보였다. 연 날리는 사람들에게 다가가 근처에 연을 살 수 있는 곳이 있느냐고 물었더니 매점에 가면 아마 있을 거라고 했다. 매점에 가보니 비닐로 만든 가오리연이 몇 개 남아 있었다. 아이들보고 고르라고 했다. 하준이는 파란색 공작새가 그려진 연을 골랐고 하성이는 조금 망설이다 주황색 공작새 그림의 연을 골라잡았다. 내 생각 같아서는 하나만 사서 같이 놀아보고 괜찮으면 하나 더 사자고 하고 싶었지만 아이들에게 그렇게 말했다가는 퇴짜 맞을 게 뻔했다. 무조건 두 개를 사서 하나씩 안겨줘야 매점을 빠져나올 수 있었다.

얼레에 감긴 실을 풀어 연에 묶어주고 풀밭으로 나갔다. 바람이 무척 좋은 날이었다. 연은 정말이지 잘 날았다. 들고 뛸 필요도 없이 가만히 연을 놓아주기만 해도 하늘로 쭉쭉 잘 날아갔다. 처음 연날리기를 해본 아이들은 말할 것도 없고 오랜만에 얼레를 잡은 나도 재미가 들려 한참을 같이 갖고 놀았다.

그러다 두 녀석 사이에 경쟁이 붙었다. 자기 것만 신경써서 잘 날리면 좋으련만 자꾸만 서로가 서로의 연을 쳐다봤다. 누가 더 높이까지 올라갔는지를 놓고 점점 더 언성이 높아졌다.

"내 연이 더 높지?"
"아니야. 잘 봐. 내 연이 더 높잖아."
"아니야! 너 연 떨어지고 있어. 지금은 내가 더 높아!"

내가 보기엔 똑같았다. 왜들 그런 걸 가지고 싸우는지. 더 큰 싸움이 날 것 같아 얼른 정리를 해버렸다.

차를 타고 집에 가려는데 하성이의 불평이 시작됐다. 제 연이 마음에 안 든다는 것이었다. 잘 놀고 왜 이러나 싶었다. 하성이 말로는, 매점에서 연을 고를 때 자기도 파란색이 마음에 들었지만 하준이가 그걸 먼저 골라서 하는 수 없이 주황색을 골랐다는 것이었다. 파란색, 주황색 말고 검정색 독수리가 그려진 연도 하나 있었는데 그걸 사지 않은 게 후회된다며 투덜댔다.

"그럼 매점에서 말을 하지 그땐 왜 말을 안 했어?"라는 엄마의 말에 하성이는 입을 쭉 내밀고 "엄마가 빨리빨리 하라고 해서 얼른 고르다보니 주황색이 된 거잖아!"라고 반격했다.

하성이는 한 번 이런 일에 걸리면 잘 넘어가지 못한다. 차에서도 여러 번, 집에 와서까지도 여러 번 같은 말을 반복했다.

"아빠, 하준이 연이 더 멋있어, 내 연이 더 멋있어?"
"둘 다 멋있어."
"엄마는? 하준이 연이 멋있어, 내 연이 멋있어?"
"둘 다 멋있어."

슬슬 짜증이 났다. 주황색 연도 멋있다는 이야기를 족히 열 번은 한 것 같았다. 아무래도 안 되겠어서 두 연을 앞에 놓고 하성이와 같이 들여다봤다. "잘 봐. 아빠 생각에 하성이 연은 옆으로 펼쳐진 공작새의 주황색 날개가 정말 멋있어. 주황색이 눈에도 잘 띄잖아. 높이 올라가도 잘 보여. 하준이 연은 날개는 그렇게 멋있지 않은데 파란색 공작새 몸통이 정말 멋있어." 구체적으로 언급을 하니 그제야 하성이도 납득을 하는 것 같았다.

"파란색이 좋았단 말이야."
"아니야, 날개는 네 것이 더 멋있어."

"다음에 또 가고 싶어."

"바람 좋을 때 또 가자. 아빠도 재미있었어."

쌍둥이는 별것도 아닌 것을 가지고 경쟁을 한다. 일단 소유물을 나누는 것부터가 힘든 과제다. 과자가 들어오면 똑같이 나눠야 한다. 장난감도 같은 걸 두 개씩 사서 동시에 내밀어야 한다.

부모의 관심을 놓고도 줄다리기가 이어진다. 한번은 하준이가 열도 나고 몸도 썩 좋지가 않아서 저녁을 안 먹고 잔 일이 있었다. 다음날 아침 엄마 아빠가 하준이 보고 배가 많이 고팠겠다고 한마디씩 했다. 그랬더니 그 모습을 지켜보던 하성이가 인상을 찌푸리며 속이 별로 안 좋다고 말하기 시작했다.

"엄마, 나 아침 안 먹을래."

빤히 속이 들여다보이는 제스처에 웃음이 났지만 "속이 안 좋구나. 안 먹고 싶으면 안 먹어도 괜찮아"라고 말했다. 짐짓 무관심한 척을 했더니 되레 슬그머니 식탁으로 돌아왔다. 쌍둥이 사이에서 인정 투쟁이 벌어지는 양상이 대개 이런 식이다.

그래선 안 되는데, 부모인 우리가 이런 특성을 이용하는 면도 있다. 가령 밥을 같이 먹는다고 할 때 하준이가 잘 안 먹고 있으면 해법은 간단하다. 반찬 다 하성이 준다고 하면 "안 돼!"라고 외치면서 허겁지겁 먹는다. 하성이도 마찬가지다. 아빠에게 사탕을 가져왔을 때 하준이 준다고 하면 얼른 안 된다며 제 주머니에 도로 넣어버린다. 외출하기 전에도 아이들이 미적거리고 있을 때 "누가 옷을 더 빨리 입나 보자"라고 말하면 언제 그랬냐는 듯 속도가 붙는다.

물론 형제가 서로 싸우기만 하는 건 아니다. 한 살 한 살 나이를 먹어가며 협동놀이가 많이 늘었다. 싸움의 빈도도 전보다는 많이 줄어들었다. 여전히 경쟁자이지만 때론 같이 모의하는 모습도 보여준다.

오늘 아침엔 둘이서 이불에 껌을 붙이며 놀다 엄마한테 딱 걸렸다. 크게 혼이 날까 걱정이 됐는지 하준이가 먼저 잽싸게 놀이방으로 도망가 문을 잠갔다. 내가 가서 "이놈, 문 열어" 해도 도무지 문을 열지 않았다. 하성이가 엄마 눈을 피해 살금살금 문 앞으로 가더니 이렇게 속삭였다.

"하준아, 나야. 문 좀 열어줘."

바로 문이 열렸다.

요즘 들어 둘 사이에 전에 없던 공모의 분위기가 싹트고 있

다. 앞으로 쌍둥이의 관계는 어떻게 발전할까. 둘이 같이 작당
해 말썽을 부리기 시작하면 우리 부부는 어떻게 해야 하는 걸
까. 기대도 되고 벌써부터 걱정도 된다.

『천사 같은 우리 애들 왜 이렇게 싸울까?』
아델 페이버 · 일레인 마즐리시 지음, 서진영 옮김, 여름언덕, 2007

부모 생각대로 잘 풀리지 않는 게 육아다. 부모가 된다는 건 애초부터 예측 불가능한 영역에 들어서는 것이다. 부모는 아이를 자기가 원하는 형상으로 찍어낼 수 없다. 세상 어디에도 맞춤형 아기란 존재하지 않는다. 외모, 재주, 기질 등 아이가 가진 중요한 자질들은 상당 부분 타고난다.

 부모가 기껏해야 할 수 있는 일이라곤 아이라는 새로운 존재에 차츰 적응하며 발달을 돕는 것뿐이다. 정신의학자 노먼 도이지Norman Doidge는 인간의 뇌에 큰 변화가 필요한 두 시기가 있는데, 이는 각각 사랑에 빠졌을 때와 부모가 되었을 때라고 말한

바 있다. 도이지는 두 경우 모두 새로운 사람을 자신의 삶에 포함시키기 위해 자신의 존재와 이기적인 의도를 근본적으로 바꾸어야 하고 다른 모든 집착을 재조정해야 한다고 했다. 말이 쉽지 결코 쉽지 않은 일이다.

형제끼리 왜 싸울까?

아이에게 형제자매가 생기는 것은 어떤 면에선 이보다 더한 일이다. 형제라는 관계는 사실 아이 입장에서 보면 강요된 관계다. 동생이 태어나면 아이는 새로운 일상의 규칙에 적응해야 한다. 물건도 나누어 써야 하고, 장난감도 같이 가지고 놀아야 한다. "동생에게 양보해야지. 네가 형이잖아"라며 부모는 공유를 강요한다. 재능 기부가 재능 갈취가 되는 일이 빈번하듯, 마지못해 나누긴 하지만 빼앗긴 것처럼 억울하다.

물건을 나누는 것보다 더 속상한 것은 부모의 시간과 관심을 나눠야 한다는 사실이다. 동생이 태어나고부터 부모의 눈과 귀는 온통 동생에게 가 있다. 전에는 상상도 못 해본 일이다. 이전까지 부모의 사랑은 절대적이고 당연한 것이었다. 하지만 이젠 더이상 그럴 수 없다는 걸 깨닫는다. 침입자, 훼방꾼, 영원한 라이벌이 나타났다는 걸 아이는 받아들여야 한다. 슬프지만 어쩔 수 없는 현실이다.

사랑으로 키우기만 하면 아이들은 저절로 사이좋게 지내게 될까. 유감스럽지만 그렇지가 않다. 한 연구결과를 보면 성인의 45퍼센트는 형제자매와 경쟁적이거나 소원한 관계로 살아간다. 형제 사이여도 한 번 벌어진 틈을 좁히기는 쉽지 않다. 오래 갈 과할수록 문제는 더 심각해진다. 형제 사이가 서로 죽고 못 사는 친구 사이처럼 되지 못한다 해도, 적어도 서로의 차이를 존중하며 괜찮은 관계로 지내게 하려면 어려서부터 형제간에 큰 틈이 벌어지지 않도록 주의를 기울여야 한다.

형제 관계 문제를 다룬 책 중에서 『천사 같은 우리 애들 왜 이렇게 싸울까?』는 고전 중 고전이다. 저자인 아델 페이버^{Adele Faber}와 일레인 마즐리시^{Elaine Mazlish}는 『부모와 아이 사이』를 쓴 하임 기너트에게 사사했다. 두 사람은 기너트가 보여준 사려 깊고 따뜻한 시선을 그대로 계승하되, 보다 구체적으로 부모 자녀 간 의사소통 문제를 파고들어 주옥같은 저작들을 여럿 남겼다. 두 저자가 같이 쓴 책들에서는 기너트의 섬세한 결이 일관되게 감지되면서도 보다 더 실제적이다.

『천사 같은 우리 애들 왜 이렇게 싸울까?』는 독특한 구성으로 되어 있다. 저자들은 형제 관계 문제의 해결을 주제로 수년간 부모 교육 워크숍을 진행했는데, 그 형식을 그대로 책으로 옮겨 왔다. 다만 이야기 전개를 단순화하기 위해 두 저자를 한 사람으로, 두 사람이 함께 진행했던 여러 모임을 한 모임으로 소략하게 재구성했다. 책은 전체가 일곱 개의 장으로 되어 있는데, 각 장이 모임 한 번에 해당한다. 책을 읽다보면 마치 페이버와 마즐리시가 주관하는 일곱 번의 부모 모임에 같이 참석하고 있는 듯한 느낌마저 든다. 공감하며 술술 읽다보면 어느새 마지막 장에 도달해 있다.

감정은 인정하면 가벼워진다

페이버와 마즐리시는 우선 아이들의 감정을 있는 그대로 인정해주라고 이야기한다. 감정은 억지로 이겨내려면 도리어 깊어지고 받아들이고 인정하면 가벼워지는 경우가 많다. 아이들 역시 마찬가지다. 아이에게는 형제에 대한 좋은 감정과 싫은 감정이 모두 있을 수 있다. 싫은 감정을 그대로 받아줄 때 좋은 감정도 자연스럽게 나올 수 있다. 아이가 "엄마는 만날 아기하고만 있어"라고 할 때 "아니야. 방금 전 너한테 책도 읽어줬잖아"라고 하기보다는 "엄마가 아기하고 오래 같이 있는 게 싫구나"라고 아이 마음을 읽어주는 편이 낫다.

아이 마음을 읽어줄 때는 주의할 게 몇 가지 있다. "네가 형을 싫어하는 건 알지만……" "너는 형을 많이 미워하는구나"같이 아이의 마음을 단정하여 한쪽으로 몰아가는 것은 바람직하지 않다. 감정은 대개 양면적이다. 형제끼리 다툰다고 서로를 원수처럼 싫어하기만 하는 것은 아니다. 아이가 잔뜩 화가 났다면 그 감정 그대로 "형한테 왜 화가 났는지 한번 들어보자. 너한테 뭔가 크게 잘못한 게 있는 모양이지?" 정도로 짚어주면 된다.

아이를 궁지로 몰아넣는 질문도 삼가는 것이 좋다. "동생이 너한테 그러면 너는 기분이 어떻겠어. 너한테 이러면 좋겠어?"와 같이 추궁하는 건 별 도움이 되지 않는다. 아이 입장에서는 아니라고 대답하면 인정하는 꼴이 되고, 괜찮다고 하면 반항하는 것밖에 되지 않는다. 이럴 땐 차라리 "누가 너한테 이러면 너역시 기분이 안 좋을 거라는 걸 잘 알잖아" 정도로 이야기하는 것이 좋다. 그러면 아이는 속으로 '내가 알고 있다고? 내가 그런 일을 당하면 기분이 어떨까?' 생각해볼 수 있다. 공감은 강제로 일어나게 만들 수 없다. 넌지시 이끌어야 상대를 이해하는 방향으로 한 발 더 다가서게 만들 수 있다.

가정은 경쟁의 피난처여야 한다

아이들의 경쟁에 대해 부모는 어떤 입장을 취하는 게 좋을까. 많은 부모가 아이들을 자극한다는 미명하에 자기도 모르게 형제간의 경쟁을 부추기곤 한다. 밥 먹는 것부터 공부에 이르기까지 좀더 빨리, 좀더 잘하게 하려고 서로를 비교한다. 하지만 페

이버와 마즐리시는 가족 내에서 이런 경쟁은 득보다 실이 더 많
다고 지적한다.

물론 우리는 경쟁사회에 살고 있다. 성장하는 과정에서 경쟁
은 피할 수 없다. 더 잘하려고 애쓰는 과정에서 남과 다른 자신
만의 장점을 발견하게 되기도 한다. 하지만 지나친 경쟁에는 대
가가 따른다. 경쟁의 압박이 지나치면 초조, 불안에 시달리게
되고, 여러 신경성 질환들을 앓게 되기도 한다. 아이들도 마찬
가지다. 비교되는 상황이 반복되면 아이들 역시 신체적 정신적
건강을 위협받게 된다.

페이버와 마즐리시는 가정이 이런 경쟁 스트레스로부터 잠시
나마 벗어날 수 있는 피난처 역할을 해야 한다고 이야기한다.
집에서만큼은 존중받고 환대받으며 충분히 휴식할 수 있어야
밖에 나가서도 다른 사람들을 더 존중하고 자신에 대해 더 큰
자신감을 가질 수 있다는 것이다.

가령 학교에서 아이들이 성적표를 가져왔다고 하자. 한 아이
가 다른 형제들 들으라는 듯 자기 성적을 자랑하면 부모는 어떻
게 대처하는 게 좋을까. 저자들은 부모들에게 다음과 같은 단호
한 자세를 요구한다. "이 자리는 성적표 경연장이 아니야. 이건
너희들 각자가 학교에서 공부한 것에 대한 소중한 기록일 뿐이
지. 이런 얘기는 엄마 아빠와 따로따로 했으면 좋겠구나." 결국

중요한 건, 아이 한 명 한 명을 독립된 개체로 인정하고 각자의 성공을 격려해주는 것이다.

비교를 삼갈 특별한 비법은 없다. 저자들도 비교하고 싶은 마음이 들 때마다 속으로 '안 돼! 하지 마!'를 외친다고 이야기한다. 다른 누군가를 들먹이지 않고 아이의 행동 그 자체만 놓고 이야기하는 연습을 해야 한다. 처음엔 잘되지 않는다. 하지만 반복해서 훈련하면 나아질 수 있다.

재능이 있는 아이, 소외된 형제

이 이야기를 조금 더 넓혀본다면, 아이들의 재능을 어떻게 지원할 것인가 하는 문제가 된다. 잘하는 아이에게 집중투자하면 못하는 아이는 소외되게 마련이다. 능력의 격차는 관심과 투자의 차이로 더욱더 벌어진다. 정부나 시장은 대개 이런 방식을 선호한다. 도태될 것은 빨리 도태되게 내버려두고, 될 것만 추리는 식이다. 하지만 부모마저 이런 방식을 좇아선 안 된다.

페이버와 마즐리시는 형제 중 한 아이가 어떤 분야에서 재능을 보일 때 다른 아이가 그 분야에서 배제당하지 않도록 세심히 살펴야 한다고 조언한다. 특히 아이 스스로 위축되는 상황에서는 더욱더 부모의 지혜로운 대처가 요구된다.

"피아노는 형이 더 잘 치잖아요. 저는 안 할래요"라고 말하는 아이가 있다면 그만두기 전에 아이에게 이렇게 물어볼 필요가 있다. "네가 그렇게 좋아했던 피아노를 정말 그만두고 싶은 거니? 형이 얼마나 잘하든 그게 너하고는 직접 상관이 없어. 네가 피아노를 어떻게 생각하는지가 더 중요해. 네가 피아노를 배우면서 느꼈던 즐거움, 그걸 놓치고 싶지 않다면 너도 계속할 수 있는 거야."

집안에서 순위 싸움보다 더 중요한 건 아이가 가지고 있는 고유한 개성, 기호, 바람 같은 것들이다. 이것들을 잘 살펴 키워주는 게 부모가 할 일이다. 순위에 밀려 쉽게 포기하도록 내버려두면 나중에는 아무것도 하고 싶은 게 없어지게 될 수도 있다. 최고의 재능을 가진 사람만 재능을 가꾸는 즐거움을 누릴 수 있는 건 아니다. 더 잘하는 누군가가 있다 해도 발전하고 싶은 욕망이 있다면 계속해볼 여지가 있다.

경쟁이 꼭 나쁜 것은 아니지만 삶 전체를 경쟁적인 자세로 살아가는 건 결코 바람직한 태도가 아니다. 지나친 경쟁은 관계도 해치고 자기 자신도 피폐하게 만든다. '다른 누군가가 성공했다고 해서 내가 실패한 건 아니다. 나의 본질은 달라지지 않는다. 내가 받을 수 있는 사랑에도 변함이 없다.' 아이에게는 이런 믿음이 필요하다. 이렇게 자신도 존중하고 남도 존중할 수 있어야 건강한 마음으로 살아갈 수 있다. 아이가 긍지를 갖도록 도와야 한다. 자기가 가지고 있는 게 남보다 조금 못하다 해도 그것을 부끄러워하지 않을 수 있어야 한다. 이런 마음은 부모와 어른들의 세심한 배려 속에서 키워질 수 있다.

'대상'이 아닌 '개성'을 편애하자

아이들 각자를 존중하는 게 옳다는 걸 알면서도 왜 부모들은 종종 특정한 아이를 편애할까. 단순히 재능의 차이 때문일까. 편애의 이유는 여러 가지가 있겠지만 그 시작은 대개 우연적이다. 외모가 자기를 더 많이 닮았다거나 형제 중 출생순서가 자기와 같다는 등 어찌 보면 사소한 이유들이 더해져 아이와의 강력한 동일시가 시작된다. 둘 이상의 자녀를 둔 부모가 각각 특정한 아이를 편애하는 경우가 있다. 왜 그런지 살펴보면, 한 명은 엄마를 다른 한 명은 아빠를 빼닮았다고 단정하는 데서 비롯되는 경우가 많다. 수년이 지나 돌아보면 한 가족인데도 가족 안에서 확연히 패가 갈려 있는 것을 보게 된다. 아이가 자기와 여러 면에서 유사하다는 느낌 하나만으로 편애가 시작되는 경우가 많다.

문제는 아이의 장점만 눈에 들어오는 게 아니라는 데 있다. 아이가 엄연히 자기와 다른 개체인데도 자신이 성장하며 느꼈던 여러 문제들이 그림자처럼 아이 문제에 얽혀들어가는 경우가 많다. 많은 부모들이 종종 이렇게 생각한다. '애가 나를 닮았으니까 자질도 성격도 비슷할 거야. 내 실패를 답습하지 않게 하려면 어떡하지? 잘돼야 할 텐데⋯⋯'

편애는 받는 아이나 소외되는 아이 모두에게 부담과 상처를 준다. 사랑을 덜 받는 아이가 경험하게 되는 상처도 문제지만, 총애를 받는 아이가 지게 될 짐도 만만치 않다. 편애는 마음속에 있어야 할 것이지 드러낼 것은 결코 아니다.

편애를 드러내지 않으려면 어떻게 해야 할까. 우선 부모가 자기 자신을 잘 돌아볼 수 있어야 한다. 부모의 자식 사랑에는 나르시시즘적인 요소가 깃들어 있다. 아이를 사랑한다고 하지만 자기애를 연장한 것에 불과한 경우가 많다. 문제는 자기애와 자기연민을 오가는 부모의 심리가 아이에게 옮아갈 때, 아이는 영문도 모른 채 부모의 변덕스런 호오를 감당해야 한다는 사실이다. 어른인 부모가 진즉 해결했어야 할 문제를 아이에게 맡겨선 안 된다. 아이는 아이일 뿐이다. 아이에게는 아이가 감당할 수 있는 짐을 지워야 한다.

다음으로, 부모는 세심해져야 한다. 때로는 눈빛만으로도 아이는 누가 누구를 편애하는지 안다. 대놓고 칭찬한 적은 없다 해도 아이들 스스로가 그렇게 느끼는 경우가 많다. 부모가 한 아이를 자랑스러워할 때 그것은 말만이 아니라 표정으로도 끊임없이 드러나기 때문이다. 가족이 같이 웃을 때 부모는 종종 더 좋아하는 아이 쪽을 바라본다. 의견을 물을 때도 자기도 모르게 더 좋아하는 아이에게 먼저 질문을 던진다. 편애를 드러내지 않으려면 이런 면들까지 의식적으로 돌아볼 필요가 있다.

마지막으로, 아이들 한 명 한 명을 편애하지 말고 아이들 각자가 가지고 있는 개성 하나하나를 편애하겠다는 마음가짐을 갖는 것이 좋다. 편애가 인지상정이라면 그 편애의 대상이 아이가 되게 할 것이 아니라 아이들이 가진 특정한 개성이 되도록 노력하는 자세가 필요하다. 그래야 소외된 아이의 장점을 살펴서 더 강조해줄 수가 있다.

저자들은 부모들에게 아이에게 붙인 딱지를 떼고 아이를 있는 그대로 보려는 노력을 기울이라고 조언한다. 아이는 아이일 뿐이며 관계는 언제든 뒤바뀔 수 있다. 형제 관계에서 한 아이가 주로 괴롭히고 다른 아이는 당하는 상황이 계속되면 '가해자 대 피해자' 구도가 형성되곤 한다. 이런 상황에서 부모가 한 아이를 가해자로, 다른 아이를 피해자로 반복해서 대하면 머지않아 상황은 고착된다.

아이들을 형제로 만드는 건 '시간'이다

아이들이 고정된 역할에 갇히지 않게 하는 게 중요하다. 강한 아이는 공감과 배려에 관심을 가져야 하고, 약한 아이는 보다 강해지고 자율적으로 행동할 수 있어야 한다. 아이가 다르게 행동하도록 만들려면 부모가 다르게 대해야 하고, 다르게 대하려면 아이가 다르게 행동할 수 있다고 믿어야 한다. 부모가 아이를 어떻게 대하는지가 매우 중요하다.

부모가 먼저 아이를 믿을 때 아이에게 이전과는 다른 이야기를 해줄 수 있다. 동생을 따라다니며 괴롭히는 형에게 "못된 행동을 한다고 못된 아이인 건 아니지. 너도 동생에게 착한 행동을 할 수 있어. 아빠 그렇게 믿어"라고 이야기하고, 만날 형에게 놀림당하는 동생에게 "너도 형한테 무서운 표정을 지어볼 수 있지. 동생이라고 꼭 당하기만 하는 건 아니니까"라고 말해줄 수 있다. 다르게 대하기로 마음먹고 실제로 그렇게 말할 때 차츰 관계에도 변화가 올 수 있다.

우리 아이들의 관계는 시간 속에서 어떻게 변해갈까 문득 궁금해진다. 서로가 서로에게 힘이 되는 관계로 발전해갈 수 있을까.

부모는 가도 형제는 남는다. 대개는 부모보다 형제자매를 더 오래 보고 산다. 마르셀 루포^{Marcel Rufo}는 그의 저서 『나는 7명의 형제자매가 있는 외아들이다』에서 우리를 낳은 것은 부모이지만 우리를 형제로 만든 것은 시간이라고 말한 바 있다. 기쁨과 슬픔을 켜켜이 쌓는 것도 시간이고, 경쟁에서 비롯된 상처를 치유하는 것도 결국 시간이다.

부디 우리 아이들이 긴 세월 서로를 의지하며 서로의 삶을 따뜻한 시선으로 바라봐준다면 더 바랄 게 없겠다. 우리가 혹 먼저 가더라도, 네 형제 사이에 우애가 마르지 않기를 빌고 또 빌어본다.

'친절한 오빠 되기' 프로젝트

수족구병이라니. 집에 있는 아이 넷 중 셋이 수족구병에 걸렸다.

시작은 하준이었다. 어린이날이 끼여 있는 연휴가 시작되던 날, 하준이가 다가와 가렵다며 손을 보였다. 손바닥 여기저기 붉은 점 같은 발진들이 보였다. 발을 들춰보니 발에도 작은 발진이 한두 개 올라오고 있었다. 미열도 있었다. 수족구병의 시작이었다.

감염을 막기 위한 조치로 우선 하준이 수건을 따로 분리하고 되도록이면 형제들을 만지지 말라고 이야기했다. 가족 모두가 신경써서 손을 자주 씻었다. 아이들 손을 특히 자주 씻겼다. 하지만 감염을 막기엔 역부족이었다. 작은 수포가 터지기 시작하면 온 집안이 바이러스에 노출된다고 봐도 무방하다. 아이 많은 집에서 바이러스성 질환이 퍼지는 건 순식간이다.

이튿날 하성이와 하영이 손발에도 어김없이 발진이 나타났다. 둘은 거의 동시에 입안에도 혓바늘처럼 발진이 돋아났고 바로 음식을 못 먹기 시작했다. 하준이에 비해 다른 두 아이는 증세가 훨씬 더 심했다. 하준이는 열날 때 가끔 엎드려 있는 정도였지 먹는 데는 큰 지장이 없었다. 반면, 하성이와 하영이는 밥을 못 먹는 건 물론이고 그 좋다는 과자며 과일도 전혀 입에 대지 않았다. 아무것도 첨가되지 않은 밀크 아이스크림 정도나 조금씩 먹었다. 하도 수저를 들지 않아 토마토라도 먹여보려고 시도해보았는데, 역시나 작은 조각이 입에 들어가자마자 둘이 동시에 "앙" 하고 울음을 터뜨렸다.

불행 중 다행인 건, 태어난 지 한 달이 채 안 된 막내 하겸이에게는 수족구병이 옮지 않은 것이었다. 어차피 막내만 따로 격리하기도 어려워서 걸려도 할 수 없다고 체념하고 있었는데, 하루이틀 지나도 막내는 괜찮았다. 아직은 모유를 통해 엄마로부터 항체를 받기 때문인지 내성이 있었다. 수족구병이 아이 넷

중 막내만 건드리지 않고 비켜갔다.

자연스레 일주일 동안 하준이 하성이는 유치원에 못 가게 되었다. 쌍둥이가 집에 있으니 엄마가 도무지 쉴 틈이 없었다. 평소 둘을 유치원에 보내고 셋째와 넷째까지 낮잠을 재우면 그때 엄마도 잠시 눈을 붙이곤 했는데, 쌍둥이가 집에서 뛰어다니며 일을 만드니 낮잠 잘 겨를이 없었다. 무척 힘들어했다. 하영이도 힘들긴 마찬가지였다. 보통 때도 오빠들이 하영이를 괴롭히는 일은 종종 있었지만, 둘이 종일 집에 붙어 있게 되자 셋째와의 접촉이 잦아져서 그런지 더 나쁘게 대했다.

달려가다 동생을 툭 치고 지나가며 울리는 일은 다반사였고, 괜히 동생이 가는 길을 막고 서서 못 가게 하기도 했다. 아무 이유 없이 옆으로 다가가 "이놈!" 하고 큰 소리로 겁을 줘서 놀라게 하거나, 팔을 일부러 세게 잡아당겨 아프게 하기도 했다. 동생이 베란다에 놓여 있는 미끄럼틀을 타고 놀려고 하면 먼저 올라가 앞을 막고 서거나, 미끄럼틀 밑에 자리잡고 앉아 동생이 내려오지 못하게 하며 놀리기도 했다. 동생이 장난감을 가지고 놀고 있으면, 불쑥 제 것이라 주장하며 빼앗아가기도 일쑤였다. 쌍둥이가 같이 놀고 있을 때 하영이가 곁에 다가와 같이 놀려고 하면 오빠들에게서 바로 호통이 날아왔다. 오빠 둘이 합세해서 동생을 괴롭히기도 했다. 하영이 눈에 눈물이 마를 새가 없었다. 쌍둥이를 불러놓고 동생에게 잘할 것을 종용하며 몇 차례 말로 타이르기도 하고, 동생을 돕도록 시켜보기도 했지만 별 효과가 없었다.

이런저런 고민 끝에 이 문제를 놓고 행동 수정을 해보기로 마음먹었다. 유치원도 쉬게 된 마당에 집에서 같이하는 프로그램을 하나 만들어보는 것도 나쁘지 않겠다는 생각이 들었다. 일명, '친절한 오빠 되기' 프로젝트였다.

책에서 배운 행동 수정의 기본은, 문제행동을 없애는 데 초점을 맞추지 말고 긍정적인 반대행동을 강화하라는 것이었다. 처음 벽에 부딪힌 건, 동생을 괴롭히는 행동의 반대행동이 얼른 떠오르지 않는다는 것이었다. 그러고 보니, 평소 쌍둥이가 하영이를 괴롭히지 말았으면 좋겠다는 생각은 자주 했지만, 아이들이 과연 동생을 어떻게 대하면 좋겠는지 따로 깊이 생각해본 적은 없었다. 한마디로, 그림이 잘 그려지지가 않았다. 아내에게 물어도 비슷한 반응이 나왔다.

"동생 괴롭히는 것의 반대행동이라면, 일단 동생을 때리지 좀 말았으면 좋겠고…… 동생 기저귀도 가져다줬으면 좋겠고……"

'동생 때리지 않기'는 여전히 쌍둥이가 하지 말았으면 하는 행동을 얘기하는 것일 뿐, 아이가 해야 할 행동에 대해서는 구체

적으로 말해주는 게 없었다. '기저귀 갖다주기'는 쌍둥이에게 동생을 돌보는 하나의 역할을 맡기는 효과는 있었지만 어디까지나 간접적이었다. 엄마의 일손을 덜어주는 의미가 더 강했다.

지금 쌍둥이에게 필요한 건 동생에게 친절하게 대하는 행동을 직접 연습해볼 기회였다. 그러자면 '친절'이라는 추상적인 말을 구체적인 행동을 지시하는 표현으로 바꿔볼 필요가 있었다. 곰곰이 생각해서 몇 가지 연습할 항목을 정해보았다.

첫째, 동생 부드럽게 안아주기. 동생을 때리거나 거칠게 붙잡는 대신, 그에 대한 반대행동으로 동생에게 부드럽게 접촉하는 행동을 연습시키면 좋을 것 같았다. 아빠와 같이 동생을 포근히 안아주는 연습을 하기로 했다.

둘째, 동생에게 장난감 나눠주기. 동생과 같이 놀 때 장난감을 나눠주거나 양보하면 격려해주기로 했다. 이 역시 아주 구체적인 건 아니었지만, 일단 해보고 나서 잘 안 되면 그때 가서 항목을 바꾸기로 했다.

셋째, 동생이 방해할 때 부드럽게 "하지 마"라고 이야기하기. 동생이 오빠들의 놀이를 방해하거나 귀찮게 굴 때 바로 소리치지 말고 부드럽게 제지하는 것도 연습 항목에 포함시켰다.

이렇게 세 가지 목표를 잡았다. 이런 행동이 나타나면 바로 칭찬하면서 점수를 줄 생각이었다. 점수는 스티커 판을 만들어 잘할 때마다 스티커를 붙여줄 수도 있겠지만, 그보다는 아이들 손에 바로 쥐여주는 무언가가 있으면 좋겠다 싶었다. '참 잘했어요' 도장 찍은 것을 오려서 쿠폰으로 만들었다. 쿠폰 형태로 만들면 아이가 바르게 행동했을 때 그 자리에서 바로 상을 주는 맛이 있고, 나중에 모아서 보상과 바꿀 때도 안정적인 교환을 할 수 있다는 장점이 있다. 쿠폰이 일종의 화폐 역할을 하는 것이다.

쿠폰을 모아서 할 수 있는 일도 정했다. 쿠폰 두 장을 내면, 책 한 권을 읽어주기로 했다. 원래도 자기 전 책을 읽어주긴 했지만 쿠폰을 제시하면 원하는 책을 한 권 더 읽어주기로 했다. 쿠폰 세 장으로는 먹을 것을 살 수 있게 했다. 젤리 한 봉지 또는 작은 아이스크림 하나와 바꿀 수 있었다. 쿠폰 넉 장을 모아서 가져오면 아이들이 좋아하는 스티커를 사주기로 했다.

쿠폰을 모아 교환하는 것과는 별도로, 그동안 받은 쿠폰의 개수가 총 25개가 되면 같이 서점에 가서 아이가 고르는 책 한 권을 사주기로 했다. '참 잘했어요' 모양이 25개 찍힌 종이를 따로 한 장 준비해서, 쿠폰을 모을 때마다 색연필로 '참 잘했어요'에 하나씩 색칠을 해나가는 방식으로 전체 쿠폰 개수를 누적했다.

같이 예행연습을 했다. 동생 안아주기. 내가 먼저 시범을 보였다. 하영이를 앞에 두고 두 팔을 벌리니 아이가 쏙 들어와 안겼다. "부드럽게"라고 말하며 포근히 안아주었다. 오빠들도 해보게 했다. 오빠들이 동생을 부드럽게 잘 안으면, 잘했다고 칭찬하면서 바로 쿠폰을 한 장씩 주었다. "동생을 때리거나 세게 잡지 않고 이렇게 안아주니 정말 좋다. 하영이도 좋아하는 표정이야."

다음으로, 장난감 나눠주기. 아무 장난감이나 가져와서 동생에게 나눠주면 쿠폰을 주겠다고 했다. 하준이는 블록을 가져와서 동생에게 건넸고, 하성이는 자동차를 가져다주었다. 오빠가 주는 걸 하영이가 받을 때도 있고 받지 않을 때도 있었지만, 그것과는 상관없이 칭찬하고 쿠폰을 주었다. 친절한 행동 그 자체를 알아봐주고 격려하는 게 중요했다.

마지막으로, 동생이 방해할 때 부드럽게 제지하기. 블록을 몇 개 쌓아놓고 내가 무너뜨리는 시늉을 했다. "지금 잠시 아빠가 하영이가 되는 거야. 아빠를 하영이라고 생각하고, 하영이가 이렇게 블록을 건드렸어. 어떻게 하면 좋을까?" 아이들은 잠자코 있었다. "이럴 땐 부드러운 목소리로 '하지 마' '그만해'라고 말하는 거야. 자 한번 해보자." 그렇게 같이 예행연습을 했다.

이튿날이 되었다. 본격적으로 행동 수정에 들어갔다. 아빠가 출근한 사이 오전에 한 번, 오후에 한 번, 엄마가 아이들을 데리고 연습을 했다. 행동 수정하는 시간을 '쿠폰 타임'이라 불렀다. 엄마가 "쿠폰 타임이야" 하면 시작이었다.

먼저, 하영이 안아주기. 엄마가 한 번 더 시범을 보였다. 하영이도 안아주고, 차례차례 쌍둥이들도 안아주었다. 부드럽게 안는 모습을 다시 보여주었다. 오빠들이 하영이에게 다가가 안아주려 했다. 하영이가 약간 싫은 티를 냈다. 안아주려던 오빠들의 두 팔이 무색해졌지만, 그래도 칭찬과 함께 쿠폰을 지급했다.

다음으로, 동생과 같이 놀기. 원래 정한 항목은 장난감 나눠주기였지만, 실제로 해보니 쌍둥이들은 동생과 같이 놀아주는 활동을 더 좋아했다. 동생과 놀아주기도 항목에 포함시켰다.

하영이는 오빠들이 자기를 장난감 자동차에 태워 밀어주는 걸 무척 좋아했다. 하준이가 뒤에서 차를 밀어주었고, 하성이는 선글라스를 가져다 동생 얼굴에 씌워주었다. 하영이는 블록 놀이도 좋아했다. 종이로 만든 벽돌 블록을 두세 개 쌓은 다음 무너뜨리며 노는 걸 특히 좋아했다. 자기가 무너뜨려놓고 저 혼자 까르르 웃으며 좋아하곤 했는데, 이번엔 오빠들이 같이 까르르 웃어주니 더 즐거워했다. 오빠들도 처음엔 동생이 웃는 걸 따라하며 가짜로 웃었지만, 나중엔 진짜로 같이 웃게 됐다. 쿠폰 받는 걸 떠나 그 자체로 즐거운 놀이가 되었다. 같이 놀기도 하고 쿠폰도 받고 일석이조였다.

　마지막으로, 동생이 방해할 때 부드럽게 안 된다고 하기. 하준이가 나무 블록을 가지고 성을 만들며 놀고 있었는데, 하영이가 다가와 블록을 만진 일이 있었다. 평소 같았으면 아마도 바로 "안 돼!"라고 소리치며 동생을 크게 다그칠 만한 상황이었다. 이번엔 달랐다. 엄마 아빠가 가르쳐준 대로 하준이는 동생에게 "하지 마. 하지 마. 하지 마……" 이렇게 세 번 부드럽게 이야기했다. 그다음이 문제였다. 하준이의 부드러운 제지에도 아랑곳하지 않고 하영이는 계속 오빠의 '작품'을 만졌다. 동생의 행동에 하준이는 더이상 아무 말도 못하고 화도 못 내면서 어쩌지 못하는 상태가 되고 말았다. 입술을 꽉 깨문 채 참고 또 참았다. 표정도 크게 일그러졌다. 그사이 하영이는 분위기도 모르고 마침내 오빠의 성을 무너뜨리고 말았다. 평소 같았으면 하준이가 크게 울음을 터뜨리며 동생을 바로 때릴 만한 상황이었다. 하지만 이번엔 부글부글 끓어오르다 혼자 찔끔 눈물을 보인 정도에 그쳤다. 하준이에게 쉬운 일은 아니었을 것이다. 하준이가 잘 참은 데 대해 엄마가 지지를 많이 해주었고, 쿠폰도 바로 주었다.

　하영이는 오빠들이 놀아주니 즐거우면서도 한편으론 무척이나 정신없어 했다. 갑자기 바뀐 오빠들의 행동에 어안이 벙벙했을 것 같다. 그런 와중에도 오빠들이 쿠폰을 받는 건 좋아 보였던 모양이다. 자기도 하나 달라고 자꾸 손을 내밀었다. 엄마는 하영이에게 오빠들 볼에 뽀뽀를 한 번씩 해주면 쿠폰을 주겠다고 이야기했다. 하영이는 귀찮아하면서도 오빠들 볼에 아무렇게나 뽀뽀를 몇 번 해주고는 쿠폰 몇 개를 받아 챙겼다. 어디 써먹는 건지도 모르면서 무턱대고 좋아했다.

아이들은 오전 쿠폰 타임에 쿠폰을 넉 장씩 받았고, 오후 쿠폰 타임에는 석 장씩 받았다. 점심 먹고 나서 하준이는 젤리를, 하성이는 아이스크림을 먹었다. 각각 쿠폰 석 장과 교환한 것이었다.

처음에 우리 부부는 혹시나 아이들이 쿠폰 받는 재미에 빠져서 형식적으로 행동하거나 지나치게 자주 하겠다고 조르면 어쩌나 하는 염려를 했다. 실제로 해보니 그렇지도 않았다. 한 차례 쿠폰 타임을 가지면 30분에 걸쳐 서너 장의 쿠폰을 받았는데, 엄마가 잠시 쉬라고 하면 더 하자고 조르진 않았다. 쿠폰을 모은 다음 어차피 먹는 간식을 쿠폰 내고 기분 좋게 먹는 정도가 됐다.

집에 와 들어보니, 아내는 행동 수정 프로그램 덕분에 모처럼 편안하게 흘러간 하루였다고 이야기했다. 아이들의 모습에 변화가 나타나는 게 눈에 보인다는 말도 덧붙였다. 평소 아이들을 칭찬해주려 해도 잘되지 않았는데, 쿠폰을 주면서 하니까 구체적으로 자주 칭찬할 수 있어 좋다고도 했다. 하루종일 쌍둥이가 동생을 전혀 괴롭히지 않고 넘어간 건 실로 오랜만이었다.

행동 수정의 효과를 확실히 경험하더니, 아내의 마음이 조금 급해졌다. 벌써부터 이런 얘기가 나온다.

"이거 빨리 끝내고, 다른 주제로 얼른 넘어가고 싶어요. 하준이 하성이 둘이서 싸우는 것도 큰 문젠데……"

행동 수정 프로그램으로 강화된 건 아이들만이 아니었다. 아내 역시 다시 행동 수정을 하도록 긍정적으로 강화되었다.

『카즈딘 교육』
앨런 카즈딘 지음, 이송희 옮김, 한즈미디어, 2014

네가 길들인 것에 대해서 너는 영원히 책임이 있는 거야.
너는 네 장미꽃에 대해 책임이 있어.

생텍쥐페리의 『어린 왕자』는 관계 맺기의 교과서다. 사막여우는 어린 왕자에게 '길들이기는 관계 맺기이며 관계에는 책임이 따른다'고 이야기한다. 육아도 마찬가지다. 육아는 아이를 부모 뜻대로 일방적으로 길들이는 과정이 아니다. 아이의 장기적인 성장을 책임지며 아이와 좋은 관계를 맺어가는 과정이다. 육아의 본질 역시 관계 맺기와 책임에 있다.

어린 왕자가 여우로부터 배운 게 하나 더 있다. 여우는 어린 왕자에게 자신을 길들이는 법을 구체적으로 일러준다.

"아주 참을성이 많아야 해."
"우선 내게서 좀 떨어져서 이렇게 풀밭에 앉아 있어. 내가 곁눈질로 너를 슬쩍 바라볼 거야. 그럼 넌 아무 말 하지 말고 가만히 있어. 말은 오해를 낳는 거니까. 하지만 넌 날마다 조금씩 더 가까이 다가앉게 될 거야."

다음날 어린 왕자는 다시 거기로 갔다.
"같은 시간에 왔으면 더 좋았을 걸."
"가령, 네가 오후 네 시에 온다면 난 세 시부터 벌써 행복해지기 시작할 거야. 시간이 갈수록 나는 점점 더 행복해지겠지. 네 시가 되면 난 벌써 흥분해서 안절부절못할 거야. 그래서 행복이 얼마나 값진 것인가를 알게 되겠지! 그러나 네가 시간을 정하지 않고 아무때나 오면 나는 몇 시부터 마음을 곱게 단장해야 하는지 통 알 수가 없잖아. 그래서 의식이 필요한 거야."

여우의 말 속에 행동 수정의 요점이 담겨 있다. 누군가를 길들이려면 참을성이 필요하다. 처음에는 작게 요구하고, 점진적으로 다가서야 한다. 예측이 기대를 낳고, 기대가 즐거움으로 이어진다. 즐거움이 결국 변화를 일으킨다.

행동 수정은 행동주의 심리학에서 나왔다. 행동주의 심리학은 행동의 변화를 과학적으로 연구하고 활용하는 학문이다. 동물들의 행동을 연구하는 데서 시작했지만, 사람의 행동을 이해하는 방향으로도 넓게 확장된 분야다. 이런 행동 수정의 원리를 잘 활용하면 아이의 문제행동을 다루는 데도 큰 도움을 받을 수 있다.

행동 수정을 주제로 한 대중적인 책으로 가장 유명한 것은 아마도 『칭찬은 고래도 춤추게 한다』일 것이다. 이 책은 범고래 조련에 빗대어 행동 수정의 기본 원리를 설명한 책이다. 우화 형식이어서 쉽게 읽힌다는 장점이 있지만 세부적으로 들어가면 내용은 매우 빈약하다. 후속으로 육아에 초점을 맞춘 『칭찬은 아기 고래도 춤추게 한다』도 나왔지만 이 역시 실제 사례에 두루 적용할 만한 지침서로 활용하기에는 부족한 점이 적지 않다. 한편, 행동 수정을 다룬 전문서적들은 지나치게 학술적이고 딱딱해서 보통의 독자가 읽기에는 무리가 있다. 그사이에 『카즈딘 교육』이 있다. 『카즈딘 교육』은 행동 수정에 관한 흥미로운 사례가 많이 등장해서 비교적 수월하게 읽히지만 그리 만만히 볼 책은 아니다. 곱씹어 읽으며 용어와 개념을 잘 소화하고 직접 실행해볼 때 충분한 가치를 깨달을 수 있는, 그런 종류의 책이다.

이 책을 쓴 앨런 카즈딘Alan E. Kazdin은 예일대 심리학과 교수로 재직하면서 오랜 기간 예일대 육아센터를 맡아왔다. 전문가 중 전문가이고, 특히 행동 수정에 관한 한 진짜 베테랑이다. 책을 읽어나가다보면 카즈딘이 자신감 넘치는 목소리로 강의하는 걸 곁에서 듣는 듯한 느낌을 받게 된다. 카즈딘은 이 책을 통해 자신이 오래 공부하고 익혀온 행동 수정의 원리를 부모들에게 가능한 한 명쾌하게 설명해주려 애쓰고 있다.

이 책의 핵심은 ABC 방법에 있다. A는 '선행 사건Antecedents', B는 '행동Behavior', C는 '결과Consequences'를 뜻한다. 어떻게 선행 사건, 행동, 결과를 잘 활용하여 아이의 행동을 좋은 방향으로 변화시킬 것인지가 이 책의 큰 줄거리를 이룬다.

A 선행 사건: 어떻게 행동을 유도할 것인가

선행 사건은 행동이 일어나기 전 발생하는 모든 사건이나 자극을 말한다. 아이가 어떤 행동을 하길 바란다면, 그런 행동이 일어나기 쉬운 환경을 조성할 필요가 있다. 미리부터 분위기를 만드는 것, 일종의 '멍석 깔기'를 하는 것이다.

카즈딘이 이런 선행 사건의 예로 든 것 중 하나가 '도전을 부르는 말'이다. "네가 지금 당장 이걸 못하더라도 괜찮아. 다섯 살 아이들에겐 조금 어려운 일이거든. 네가 조금 더 크면 아마도……"와 같이 표현할 때, 아이는 도리어 '그럼 한번 해볼까' 하는 마음을 갖게 되기 쉽다. 도전의식을 불러일으키는 분위기를 조성하는 게 핵심이다.

부모가 요청하는 방식도 아이의 행동에 영향을 미친다. 우선 아이에게 가까이 다가갈 필요가 있다. 부드러운 표정과 말투로, 행동이 일어나기 직전에 요청하면 아이가 슬며시 따라올 가능성이 높아진다. 어깨를 토닥이거나 하이파이브를 하는 등 신체적 접촉의 기회를 늘리는 것도 도움이 될 수 있다. 아이를 지나치게 압박하지 않는 범위에서 거리, 표정, 말투, 타이밍을 조화롭게 조정하는 게 관건이다. 유연하고 비강제적인 태도로 요청해야 아이에게서 스스로 해보고 싶어하는 마음이 일어날 수 있다.

B 행동 : 원하는 행동을 만들어내기 위해 무엇을 할 수 있을까

부모는 아이의 문제를 이야기하는 데 익숙하다. 여기서 문제란 부모가 보고 싶어하지 않는 아이의 행동을 말한다. 대개의 부모는 아이가 가지고 있는 문제를 없애야 한다는 생각에 문제를 지적하기에 바쁘다. 하지만 카즈딘은 문제를 없애려면 문제에 바로 접근해서는 안 되고, 그런 행동을 대체할 긍정적인 반대행동을 찾아내 강화해야 한다고 말한다. 동생을 때리는 게 문제라면 때릴 때마다 야단치는 것으로는 좋아지지 않는다. 동생과 좋은 상호작용을 하는 순간을 포착해 칭찬하고 격려해야 좋아진다.

하지만 이런 작업이 늘 쉬운 건 아니다. 그래서 카즈딘은 이 책에서 행동을 만들어가는 구체적인 방법 세 가지를 소개하고 있다.

긍정적인 반대행동 만들어가기

먼저, '행동 형성shaping'은 행동을 할 약간의 기미라도 보일 때 쓸 수 있는 방법이다. 목표 행동까지의 중간 단계를 세분하여 각각을 점진적으로 만들어가는 것을 말한다. 앞에 예를 든 『어린 왕자』에서 여우 길들이기가 여기에 해당한다.

다음으로, '시동 걸기jumping start'는 과거에 어떤 행동을 많이 했지만 지금은 충분히 자주 하지 않을 때 쓰는 방법이다. 부모가 행동의 초기 단계에 일부 도움을 줌으로써 일단 발을 들여놓게 만드는 것을 말한다. 전에는 운동하러 자주 갔었는데 지금은 가기 싫어하는 아이가 있다면, 아이를 운동장까지 데려다주고 아빠가 운동하는 것을 지켜만 봐도 좋다고 제안하는 게 여기에 해당한다.

마지막으로, '예행연습 simulation'은 행동이 거의 보이지 않거나 드물어서 충분한 연습 기회가 없을 때 사용하는 방법이다. 인위적인 상황을 꾸며 일부러 연습할 기회를 만드는 것을 말한다. 가령 자기 마음대로 못 하게 되면 거의 항상 부모에게 폭발적으로 화내는 아이가 있다고 하자. 이때 권할 만한 방법이 아이와 함께 '부드럽게 떼쓰기 게임'을 하는 것이다.

'부드럽게 떼쓰기 게임' 요령

① 아이에게 미리 이것은 어디까지나 '척하는' 것이지 진짜는 아니라고 일러둔다. "잘하면 점수를 따고 원하는 것을 얻을 수 있는 게임이야."

② 게임 방식을 설명한다. "이따가 엄마가 오늘밤 텔레비전을 볼 수 없다고 말할 텐데, 그때 울거나 소리 지르지 않고 '왜 안 돼요?'라고 차분하게 물으면 점수를 딸 수 있어. 점수를 모으면 네가 좋아하는 걸 받을 수 있고. 이건 그냥 게임이야. 실은 오늘밤 텔레비전을 볼 수 있어."

③ 연습에 들어간다. 잠시 후 "오늘밤 텔레비전을 볼 수

없어"라고 말했을 때 아이가 평소보다 부드럽게 짜증내며 연기를 하면 칭찬과 함께 점수를 부여한다.

④ 다른 시나리오로 게임을 반복한다. "이번엔 친구네 집에 갈 수 없다고 말할 거야."

⑤ 이런 방식으로 '부드럽게 떼쓰기 게임'을 매일 두어 번, 며칠간 연습한다. 이쯤 되면 아이는 전보다 더 부드럽게 짜증내는 요령을 터득하게 된다.

⑥ 실제로 마트에 갔을 때, 부모가 제지하는 상황에서 아이가 전보다 더 부드럽게 떼를 쓰면 바로 칭찬해주고 추가 점수를 준다. "짜증내기 게임을 하는 것도 아닌데, 부드럽게 짜증을 냈어."

짜증내는 게 습관이 된 아이가 당장 짜증을 전혀 안 내기는 무척이나 어려운 일이다. 심하게 나무란다고 해도 잠시 그 행동을 멈출 수 있을 뿐, 다음에도 어김없이 같은 행동이 나타난다. 아이에게 새로운 행동의 레퍼토리를 연습해볼 기회가 주어지지 않기 때문이다. 이럴 때는 위에 예를 든 것처럼 가상의 상황을 만들어 전보다 덜 짜증내게 한 다음 칭찬해주는 것으로 연습을 해볼 수 있다. 아이가 어느 정도 요령을 터득했을 때 실제 상황에서 개선된 모습을 보이기 시작하면 그때부터는 행동 형성으로 행동을 하나씩 만들어가면 된다.

C 결과 : 행동이 일어난 후 어떤 긍정적 결과를 이용할 것인가

결과에는 보상, 처벌, 무반응이 있다. 행동 수정에서는 보상을 긍정적 강화로, 처벌을 부정적 강화로, 반응하지 않기는 소거로 이야기하기도 한다. 이중 부모들이 유달리 많은 경험을 가지고 있는 것은 처벌이다. 하지만 카즈딘은 여러 연구들을 살펴본 결과, 처벌은 그다지 중요하지 않고 비효과적인 결과의 한 종류라고 말한다. 간혹 부드럽게 질책하거나 특권을 뺏는 등 처벌을 할 수 있지만 강화 프로그램을 준비하는 게 우선이 되어야 한다고 이야기한다. 반응하지 않기도 긍정적 강화와 같이 사용할 때 더 큰 효과를 볼 수 있다.

긍정적 강화에는 칭찬과 점수를 통한 보상이 있다. 칭찬은 특정 행동에 관심을 주고, 긍정적인 말, 미소, 신체 접촉으로 아이의 행동을 승인해주는 것을 말한다. 좀더 효과적으로 아이를 칭찬하고자 한다면, 다음 다섯 가지를 기억해두면 도움이 된다.

첫째, 바람직한 행동이 나오는 즉시 칭찬해야 한다. 행동과 칭찬 사이에 시간적인 틈이 거의 없을수록 좋다.

둘째, 무엇에 대해서 칭찬하는지 아이에게 구체적으로 설명해주어야 한다.

셋째, 아이가 어리다면 되도록 과장되고 열띤 목소리로 칭찬하는 게 좋다.

넷째, 손길, 포옹, 하이파이브 같은 접촉이 칭찬의 효과를 높이는 데 도움이 될 수 있다.

다섯째, 바람직한 행동이 일어날 때마다 자주 일관되게 칭찬해줄 필요가 있다.

점수제를 통한 보상 프로그램은 행동을 형성해나가는 초기 단계에 도움이 될 수 있다. 카즈딘은 처음부터 목표를 너무 높게 잡지 말라고 권유한다. 큰 보상을 내거는 건 좋은 방법이 아니라는 것이다. 스티커 서른 개를 모았을 때 큰 로봇을 사주는 것보다는, 스티커 두세 개 정도만 모아도 살 수 있는 작은 보상을 제안하는 게 더 낫다.

동기 부여를 위해 좀더 큰 상을 걸고 싶을 때도, 작은 보상과 큰 보상을 같이 활용하는 게 좋다. 이 책에서는 작은 점수(2~4점)로 교환할 수 있는 상을 먼저 정하고, 그동안 받은 전체 점수는 합산하여 큰 점수(20~30점)를 얻으면 받을 수 있는 보상을 따로 정해볼 것을 권한다.

보상이 굳이 화려하고 매력적일 필요는 없다. 제때 자주 칭찬하는 것이 값비싼 장난감 한두 번 사주는 것보다 더 효과적이다. 가장 중요한 일은, 행동을 하고 긍정적인 강화물을 받고 다시 행동을 하는 일련의 강화 연습을 반복하는 것이다.

카즈딘은 점수표 없이 칭찬만으로도 아이의 행동은 변화할 수 있다고 이야기한다. 점수 프로그램은 어디까지나 보조적인 역할을 할 뿐이지, 아이의 행동을 변화시키는 건 부모의 적절한 칭찬이라는 것이다. 아이에게는 부모가 사실상 최고의 강화물이다. 아이가 바라는 건 보상 같아도, 아이가 더 필요로 하는 건 부모의 격려다.

카즈딘은 최종결과에만 관심을 갖고 보상하는 프로그램은 반드시 실패하게 되어 있다고 충고한다. 좋은 성적표를 받아오면 특별히 보상하겠다고 해도 많은 경우 아이의 행동은 좀처럼 달라지지 않는다. 지나치게 높은 목표에 아이가 지레 겁을 먹고 포기하게 될 수도 있고, 때론 부정행위를 통해서라도 보상받겠다며 목표 달성에 집착하게 될 수도 있다. 결과만 따지는 프로그램은 설령 가시적인 성과를 낸다 해도 여러 부작용을 동반할 가능성이 높다. 그보다는 과정을 강화하는 시스템을 만드는 데 더 공을 들여야 한다.

변화를 원한다면

카즈딘은 이 책에서 행동의 변화를 도모하는 과학적인 방법을 하나하나 구체적으로 제시하고 있다. 풍부한 사례와 친절한 설명 덕에, 책을 다 읽고 나면 행동 수정을 어느 정도는 배웠다는 느낌을 받게 된다. 하지만 이 책을 읽기만 해서는 결코 행동 수정을 배웠다고 말할 수 없다. 행동 수정을 익힌다는 건, 철저히 경험의 영역에 속하는 일이다. 책에서 배운 방법 그대로 따라 해보거나, 약간 응용하여 자신의 경우에 직접 적용해볼 때 비로소 조금 알게 되는 거라고 말할 수 있다.

행동 수정만이 그런 게 아니다. 무슨 일에서든 실제로 변화를 시도해보면 절실한 마음보다 구체적인 실천 프로세스를 만들어가는 게 훨씬 더 어렵고 중요한 일이라는 걸 깨닫게 된다. 실현 가능한 계획을 세우고 되도록 가벼운 마음으로 실행하되 꾸준해야 한다. 작게 시작하고 단계를 잘게 쪼개 한 단계 한 단계 집중적으로 시도해봐야 한다. 작은 경험을 하나씩 단단히 쌓아올려야 쉽게 무너지지 않는다.

마음에서 행동으로 이어지는 길은 일방통행로가 아니다. 마음과 행동은 양방향 통행로로 연결돼 있다. 마음이 움직여 행동할 때도 있지만 행동을 하다가 어느 순간 마음이 생기기도 한다. 친절한 성격이어서 친절하게 행동하는 게 아니라 친절한 행동을 하다보니 조금 더 친절한 사람이 되어가기도 하는 것이다.

부모가 되어가는 과정도 마찬가지다. '나는 좋은 부모인가?'라고 묻는 것은 큰 의미가 없다. '나는 오늘 좋은 부모가 되기 위해 구체적으로 어떤 행동을 했는가?'를 물어야 한다. 괜찮은 부모로 타고나는 사람은 없다. 괜찮은 행동을 연습하면서 차츰 더 나은 부모가 되어가는 과정이 있을 뿐이다. 우리는 모두 그 길 위에 서 있다.

네가 원한다고
할 수 있는 것은 아니야

양수가 터졌다는 말에 눈이 떠졌다. 새벽 5시였다. 드디어 그날이 왔구나 싶었다. 양수가 터진 건, 한 시간 전이라고 했다. 침착한 목소리였다. 그사이 나갈 준비를 다 해놓은 모양이었다. 아내는 마지막으로 아이들 자는 방으로 들어가더니, 아이들을 하나씩 들여다보고 흐트러진 이불을 바로 덮어주고 다시 나왔다. 마지막 인사 같은 분위기였다. 아이들을 보고 나오는 아내의 두 눈엔 살짝 눈물이 맺혀 있었다.

얼른 몇 가지 준비를 마치고 집을 나섰다. 셋째 때는 이렇게 병원에 데려다주지도 못했다. 진료 보느라 정신없을 때였는데,

진통이 시작됐다고 연락이 왔다. 누가 따라가야 하지 않겠냐고 해도, 아내는 괜찮다며 기어코 혼자 택시 타고 병원엘 갔다. 시댁과 친정이 멀어 당장 도와줄 사람이 있는 것도 아니었다. 동행도 없이 여행가방 하나 끌고 털레털레 걸어들어오는 산모를 보며 분만장 간호사는 "설마 이렇게 혼자 오신 거예요?"라고 말했다 한다. 분만장에 도착했을 무렵, 이미 자궁문은 3센티 열린 상태였고, 출산까지는 2시간도 채 걸리지 않았다.

이번에는 아기가 아빠 쉬는 날을 미리 알았는지, 마침 우리 병원 정기 휴진일인 목요일 오전에 양수가 터졌다. 덕분에 아내를 산부인과까지 바래다줄 수 있었다. 셋째를 낳은 같은 병원이었다. 동선은 그때나 지금이나 마찬가지였을 것이다. 차에 묵직한 가방을 실어올리고, 초조한 마음을 달래며 차창 밖을 바라보고, 분만장에 들어서고, 입원 서류에 서명하는 등의 일을 하며 뒤늦은 깨달음이 찾아왔다. 넷째도 넷째지만, 셋째 때가 새삼 미안해졌다. '지난번엔 이 모든 걸 아내 혼자 다 하고 다녔겠구나' 하는 생각이 들었다. 보호자도 없이, 지금 내가 도와주고 있는 이 일들을 아내 혼자 하나씩 해나가는 모습이 겹쳐 떠올랐다. 나도 모르게 이런 말이 새어나왔다. "아가야 고맙다. 이번엔 네가 아빠에게 기회를 줬구나." 아무리 가까운 사이라 해도 남모를 수고의 현장은 서로 보지 못하기에, 우리는 때때로 외로움에 시달리는 것인지도 모르겠다. 부부라고 서로를 속속들이 다 알 수는 없다. 어떤 어려움이 있었는지 구체적으로 다 알진 못해도, 그 때문에 힘들다는 걸 서로 알아주는 관계가 부부인지도 모르겠다는 생각을 했다.

아내를 병원에 바래다주고 다시 집으로 돌아왔다. 우리집 아이들을 챙겨야 하기 때문이었다. 집에서는 처제가 잠시 아이들을 맡아 봐주고 있었다. 처제도 임신중이었고 17개월 된 아이도 하나 있었다. 혼자서 우리집 아이 셋과 자기 아이까지 챙긴다는 건 버거운 일이었다. 아침은 어떻게 해 먹인다 해도 쌍둥이들을 유치원 버스까지 태워 보내려면 손이 적어도 하나는 더 필요했다.

집에 돌아와보니 아이들이 이미 깨어 있었다. 아빠를 반기면서도 약간 어리둥절한 표정이었다. 처제와 같이 아이들을 챙겼다. 아침으로 간단히 아이들이 좋아하는 낫토에 김을 같이 해서 밥 한 공기씩 뚝딱 먹게 했다. 다음으로 하준이를 씻기고 양치를 도와주었다. 이때까지는 별문제 없이 순조로웠다.

하성이 차례였다. 정신없이 챙기는 와중에 하성이를 보고 몇 차례 양치하자고 불러도 대답이 없었다. 여러 번 말해도 꾸물거리기만 했다. 하염없이 시간만 보내고 있을 수 없어서, 빨리 안 오면 오늘은 칫솔질 못 한다고 못을 박았다. 다섯 셀 때까지 오지 않으면 오늘은 이 안 닦는 것으로 알겠다고. "하나, 둘, 셋, 넷, 다섯." 아이는 꿈쩍도 하지 않았다. "딱 한 번만 더 셀게. 하나, 둘, 셋, 넷, 다섯." 아이는 딴청만 피웠다. 단호해져야겠다고 마음먹었다. 미적거리며 다가온 아이에게 안타깝지만 오늘은 칫솔질을 할 수 없다고 이야기했다.

"왜 안 돼? 지금 왔잖아!"

"아빠가 두 번이나 기회를 줬잖아. 오늘은 치카치카 없어."

아이는 "쳇" 하고 돌아섰다. 몇 가지 이야기를 덧붙였다. 오늘처럼 칫솔질을 하지 않으면 머지않아 이가 썩을지도 모른다고, 곧 정기검진하러 치과에 갈 텐데 이가 썩었으면 아마 치료를 해야 할지 모른다고 단단히 일러줬다. 아이는 으레 그렇듯 별 반응이 없었다.

"하성아, 너 아침에 낫토 먹었잖아. 치카치카 하지 않고 유치원에 가면 아마 입에서 냄새가 날걸? 유치원 선생님하고 친구들이 이상한 냄새난다고 싫어할지도 몰라."

"아니야. 그럴 리 없어!"

말은 그리했지만 아이의 표정에는 찜찜한 기색이 비쳤다. 슬그머니 칫솔을 가져오더니 다시 내게 내밀었다. 해줄까 하다가 마음을 고쳐먹었다. 오늘 아침에는 안 된다고, 하고 싶으면 유치원 가서 점심 먹고 너 혼자 깨끗하게 하라고 버텼다. 아이는 다시 "흥" 하고 돌아섰다.

다음은 옷 입힐 차례였다. 하성이 옷은 내가 챙겼고, 하준이는 처제가 도와주었다. 하성이는 운동복을 입고 싶다고 했다. 옷장에서 찾아 꺼내 입혔다. 하성이가 옷은 그래도 순순히 입었다. 하준이는 처제의 도움을 받아 청바지를 입었다.

모든 준비를 마치고 시계를 보니 8시 반이었다. 아내에게서 전화가 왔다. '설마 벌써' 하는 마음에 크게 한 번 숨을 들이쉬고 전화를 받았다. 아기가 나왔다고 했다. 열 번 정도 힘을 줬나 싶었는데 아기가 쑥 나왔다고, 태어날 때 모습만 놓고 보면 넷 중 제일 나를 닮았다고 했다. 아내의 목소리가 밝았다.

가벼운 마음으로 아이들을 데리고 나왔는데, 하준이가 유치원 버스 타러 가는 도중 칭얼대기 시작했다. 이유를 알 수 없었다. 하성이는 벌써 저만치 뛰어가는데 하준이가 자꾸 처지더니 급기야 길가에 멈춰 서서 잉잉거리기 시작했다. 도로 집에 가자는 몸짓이었다. 유치원 버스 타는 시간에 딱 맞춰 나왔기 때문에 곧 버스가 당도할 시간이었다. 유치원 가기 싫은지 물어도 아니라고 고개를 젓고, 마음에 들지 않은 게 있는지 물어도 칭얼거리기만 했다. 손을 잡아끌어도 싫다고 뿌리쳤다. 결국 주저앉아버렸다. 마음을 가라앉히고 아이에게 다시 물었더니, 그제야 징징거리며 이유를 이야기했다.

"유치원에서 청바지 입고 오지 말라고 했단 말이야. 오늘 체육 수업이 있어서…… 편한 옷 입고 오라고 했단 말이야……"

야외활동하면서 뛰어다니는 데 불편할까봐 월요일과 목요일에는 청바지 말고 편한 활동복을 입고 오라고 선생님이 일러주신 모양이었다. '그걸 왜 이제야?'라는 말이 튀어나오려는 걸 누르고 가만 생각해보니, 오늘 아침에 워낙 경황이 없긴 했다. 엄마가 있었더라면 운동복 입는 날을 미리 확인했을 텐데 그럴 수 없는 상황이었고, 나 역시 아침부터 정신없이 준비시키느라 일일이 돌아볼 겨를이 없었다. 하준이가 옷 입을 때 이모에게 제 뜻을 잘 전하지 못한 것 같았다. 나중에 집에 와 처제에게 이 이야기를 했더니, 하준이 바지 입힐 때 아이가 뭐라고 웅얼웅얼하긴 했는데 잘 알아듣기 힘들었다고, 그게 옷 이야기인 줄은 미처 몰랐다고 했다. 이모가 못 알아들은 것 같으면 한 번 더 확실하게 제 뜻을 전해보면 좋으련만, 하준이의 표현력이 아직 거기에 미치진 못했다. 집밖으로 나오고 나서야 뒤늦게 바지가 마음에 걸려 칭얼댄 것이었다.

"옷 입을 때 이모한테 말하지 그랬어?" 소용없는 말인 줄 알았지만, 답답한 마음에 아이를 다그치고 말았다. 하준이는 "말했단 말이야…… 그런데 이모가……"라며 더이상 말을 잇지 못했다. 하준이는 아마 당장이라도 집으로 돌아가 옷을 갈아입고 나오고 싶은 심정이었을 것이다. 입을 옷의 종류를 미처 확인하지 못한 부모의 사정과, 더 확실히 말하지 못한 아이의 사정, 마냥 기다릴 수 없는 유치원 버스의 사정까지 아이가 그 각각을 헤아리며 따져보기는 어려운 일이다. 부모가 차분히 설명하면 조금은 이해할 수 있을지 몰라도 다섯 살 난 아이에게는 당장 제 눈앞의 걱정이 더 커 보일 것이다.

앞으로는 하성이가 뛰어가고 있고, 뒤로는 하준이가 주저앉아 있었다. 몸이 두 개라면 얼마나 좋을까. 곧 버스가 도착할 시간이라고, 아빠가 선생님한테 전화해서 사정을 이야기해주겠다고 해도 소용없었다. 완력으로 끌고가는 것도 무리였다. 단호하게 나가는 수밖에 없었다.

"하준아, 바지는 이제 어쩔 수 없어. 지금 바로 가야 해. 네가 선택하는 거야. 저기까지 아빠 손잡고 걸어갈래, 아니면 아빠가 안아서 갈까?"

아무 대답이 없었다. 하준이는 내키지 않는 표정으로 입을 쭉 내밀고 아빠를 향해 눈을 흘겼다. 내 말을 무시하는 건지 잠시 생각하는 건지 정확히 알 수 없었다. 20초 정도 기다렸다가 재차 확인했다.

"한 번만 더 물어볼게. 대답하지 않으면 아빠 생각대로 할 거야. 아빠 손잡고 갈래, 아니면 아빠한테 안겨서 갈래?"

아이는 여전히 입은 삐죽 내밀고서 기어드는 목소리로 아빠한테 안기겠다고 말했다. 하준이를 훌쩍 안아들고 뛰어가는 하성이를 불러 세우며 아파트 입구까지 쫓아갔다. 그 와중에도 버스 타는 데까지 제시간에 내려오긴 했다. 그나마 다행이었다.

유치원 버스가 오길 기다리는데 문득 하성이가 이가 아프다고 말했다. '웬일이지? 이가 아프다는 말을 다 하고?' 그러더니 봐달라며, 내게로 입을 크게 벌렸다. 걱정하는 눈치였다. 아프지도 않으면서 한번 봐달라고 그러는 것 같았다. 아침에 칫솔질을 하지 않고 나온 게 못내 마음에 걸린 것 같았다. 아이 생각이 헤아려지니 나도 모르게 웃음이 나왔다. 애써 웃음을 참으며 아이의 입안을 진지하게 들여다보고는, 아직까지 썩은 데는 없다고, 다음에 잘 닦으면 되니 걱정 말라고 이야기해주었다.

"그럼 냄새는?"

"청국장 냄새 같은 게 조금 나기는 하지만 괜찮아. 점심 먹고 치카치카 잘하면 냄새도 없어질 거야. 다음엔 꼭 잘 닦고 가자."

이런 얘기를 나누는 사이, 유치원 버스가 도착했다. 그때까지도 하준이는 몸을 배배 꼬며 칭얼대고 있었다. 두 아이를 곁에 두고, 유치원 버스에 동승하시는 선생님께 짧게 말씀을 드렸다. 오늘 아침에 하준이 하성이 동생이 태어났다고, 담임선생님이 활동하기 편한 바지를 입고 오라고 하셨는데 아침에 정신이 없어 하준이가 청바지를 입고 가게 됐다고, 선생님께 잘 말씀드려 달라고 이야기했다. 그 이야기를 곁에서 듣고 있던 하준이는 내 말이 오히려 더 부끄러웠는지 이제는 아예 차도 안 타려고 하면서 울고불고 떼를 썼다. 아예 말을 하지 말 걸 하는 생각이 들었지만, 이미 때는 늦었다. 하준이를 안아 버스 안까지 데리고 들어가서 억지로 좌석에 앉혔다. 싫다고 울며 빠져나오려는 걸 나와 유치원 선생님이 겨우 붙들어 안전벨트를 채웠다. 평소 같았으면 차창을 사이에 두고 웃는 얼굴로 손을 흔들며 배웅했을 텐데 울고불고하는 아이를 차에 태워 보내려니 마음이 무거웠다.

하성이는 하성이대로 표정이 좋지 않았다. 하성이 역시 손 흔드는 것도 잊어버리고서 단단히 시무룩한 표정으로 제자리를 찾아들어갔다. 차창으로 들여다보니 하성이는 입을 굳게 다문 채, 심각한 표정을 하고 앉아 있었다. 아무에게도 제 이를 보여 주지 않겠다는 듯이, 아무도 제 입냄새를 맡지 못하게 하겠다는 듯이.

두 녀석 모두에게 힘겨운 하루의 시작이었다. 나도 마찬가지였다. 새로 아기가 태어났다는 기쁨보다는 고달픔이 더 큰 아침이었다.

『아이는 책임감을 어떻게 배우나』
포스터 클라인 · 짐 페이 지음, 김현수 옮김, 북라인, 2010

부모의 손은, 제 목 하나 제대로 가누지 못하는 아이를 받쳐주는 손에서, 아이가 넘어지지 않게 붙잡아주는 손으로, 그다음엔 아이를 내보내며 흔드는 손으로 바뀐다. 육아의 궁극적인 목표는 아이의 독립이다. 아이가 부모 손을 떠나게 되는 것, 마침내 부모가 더이상 필요치 않게 되는 게 육아의 종착역이다.

아이의 독립을 위해서라면 부모가 서서히 아이로부터 손을 뗄 준비를 해야 하지만, 여전히 많은 부모는 아이가 웬만큼 자라도 아이의 요구를 들어주느라 쉴 틈이 없다. "아이가 왜 이럴까요? 저는 나름대로 한다고 해줬는데." 진료실에서 흔히 듣는 하소연이다. 부모 입장에선 다 해줬다고 하는데 아이는 항상 불만이다. 늘 이전과 견주며 더 잘해주길 기대하고, 자기보다 더 좋은 것을 가진 아이, 더 많은 자유를 누리는 아이와 비교하며 불평을 터뜨린다.

어느 부모가 중학교에 다니는 아들을 데리고 진료실을 찾았다. 아이에게 최근 태블릿 피시를 사주었는데 또다시 노트북을 사달라고 조르는 모양이었다. 아이는 고사양의 컴퓨터를 사주지 않으면 학교에도 가지 않고 공부도 하지 않겠다며 으름장을 놓았다. 부모는 아이에게 쩔쩔맸다. 부모는 그동안 원하는 대로 다 해줬는데 아이가 왜 이러는지 이유를 알 수 없다고 어려움을 토로했다. 곁에서 듣고 있던 아이가 참다못해 부모를 힐난하며 이런 말을 쏟아냈다. "제가 원하는 대로만 다 해줬어도 제가 이렇게 되진 않았을 거라구요!" 맙소사, 아이의 생각과는 달리, 그동안 부모가 원하는 대로 다 해준 게 오히려 문제였다.

세상은 혼자 살아가는 곳이 아니다. 현실에서는 제 모든 욕구를 채울 수 없다. 뿌린 대로 거두고, 가치 있는 일을 성취하려면 어려움이 따르게 마련이다. 세상에 거저 되는 일은 없다. 대가를 치러야 한다. 누구나 자신의 한계와 환경적 제약에 맞닥뜨리며 순간순간 좌절한다. 그러면서도 다시 일어서야 한다. 이게 현실이다.

좌절하는 법도 배워야 한다

아이의 행동에 이런 현실 원리가 스며들게 하려면, 어려서부터 부모가 일정한 틀을 제공해주어야 한다. 규칙을 세우고 행동의 한계를 분명히 해둘 필요가 있다. 물론 아이는 이러한 틀 때문에 좌절을 경험하게 될 수 있지만 대개는 일시적이다. 지나치지만 않다면 좌절은 아이를 무력하게 하기보다 강하게 한다. 아이에 따라 조금씩 그 강도나 방식은 달라질 수 있겠지만, 모든 아이에겐 훈육이 필요하다.

훈육을 주제로 한 책은 수도 없이 많다. 그중 한 권을 고르라면, 포스터 클라인Foster Cline과 짐 페이Jim Fay가 쓴 『아이는 책임감을 어떻게 배우나』를 우선적으로 꼽고 싶다. 이 책은 훈육에 초점을 맞추면서도 아이가 좌절하는 순간 어떻게 공감을 보이며 아이에게 접근할 것인지를 다룬다는 점에서 균형 잡힌 훈육의 모범을 보여준다. 훈육은 법과 질서를 중시하는 철학을 바탕으로 하기 때문에, 이 주제를 다룬 책들을 보면 대개 보수적이고 딱딱하다. 이 책 역시 보수적인 색채가 없지 않다. 하지만 비교적 유쾌하게 쓰여 있다는 게 미덕이다. 원칙을 주장하면서도 재미를 놓치지 않는 이 책의 가치는 요즘 같은 때 더욱 빛이 난다. 품격 있는 보수가 실종된 시대, 권위다운 권위를 가져본 적 없는 젊은 세대를 향해 두 저자는 제대로 된 훈육이 무엇인지 확실히 보여주고 있다.

훈육은 아이 스스로 생각하도록 부모가 말로 행동 범위를 정해주는 데서 시작한다. 아이가 어떻게 생각해야 하는지까지 부모가 정해줄 수는 없다. 하지만 허용 범위를 명확히 제시하고 그 안에서 생각해보도록 이끄는 건 부모의 책임이다.

이 책의 저자 클라인과 페이는 부모가 아이에게 말을 거는 방법에는 크게 두 가지가 있다고 말한다. 하나는 '싸움을 거는 말'이고, 다른 하나는 '생각하게 하는 말'이다.

싸움을 거는 말 vs. 생각하게 하는 말

'싸움을 거는 말'이란, 아이가 말을 듣지 않을 때 부모가 명령하고 위협하는 것을 말한다. 많은 부모가 엄하게 호통을 쳐야 아이가 겨우 말을 듣는다고 이야기한다. 말로 안 되면 결국 손찌검을 해서라도 아이를 바로잡아야 한다고 말하는 부모도 있다. 하지만 이런 식의 육아는 그 효과가 지속적이지 않을뿐더러 아이에게 해롭기까지 하다. 처음엔 가벼운 언쟁으로 시작했더라도, 험악한 표정과 말투가 나오고, 결국엔 미움과 폭력으로까지 이어질 가능성이 높다. 아이의 반항은 더 심해지고, 부모 역시 마음을 상하게 된다.

클라인과 페이는 아이에게서 통제권을 몰수하려 하면 할수록 아이에 대한 통제권을 잃게 될 가능성이 높다고 경고한다. 자신에게 아무런 통제권이 없다고 느끼는 아이는 소극적으로 반항하기도 하고, 때론 강하게 거부하기도 하면서 부모에게 맞선다. 통제권을 되찾기 위해 싸우려들고, 부모를 자극해 계속해서 힘겨루기에 나서도록 만든다. 이런 문제가 한두 번으로 끝나면 다행이지만 계속되면 습관으로 정착한다. 언쟁과 반항이 몸에 배게 되고 갈등 상황에서 바로 열을 내며 흥분할 가능성이 높아지게 되는 것이다. 결국 아이를 통제하기가 점점 더 어렵게 된다.

반대로 '생각하게 하는 말'은 아이에게 선택권을 부여하며 행동 범위를 정해주는 것을 말한다. 꼭 필요한 만큼 아이에게 재량권을 부여하고, 선택한 결과는 아이가 책임지게 하는 것이다. '생각하게 하는 말'을 연습하면 굳이 언성을 높이지 않고도, 차분한 말투로 명확히 선을 그을 수 있다. 선택권을 주면 아이는 일단 생각을 해야 한다. 각각의 선택 항목을 비교해보고 그중 한 가지를 택하는 결정을 내려야 한다. 아이는 그 과정에서 자신에게도 일정한 힘과 자유가 있다는 것을 느끼게 된다. 이를 통해 부모는 수많은 힘겨루기를 슬그머니 비껴갈 수 있고, 아이의 의사결정 능력도 함께 키워줄 수 있다.

신경질을 부리면서 명령하고 위협하는 게 '싸움 거는 말'의 방식이라면, 신중한 고민 끝에 차분하게 선택권을 제시하는 게 '생각하게 하는 말'의 방식이다. 둘 다 아이에게 요구하는 것이어서 겉으로는 큰 차이가 없는 것처럼 보일 수 있지만, 아이의 마음에 일으키는 효과에는 큰 차이가 있다. 두 종류의 말을 나란히 놓고 비교해보면 그 차이를 확실히 알 수 있다. 다음은 책을 응용해 만들어본 몇 가지 예다. ①은 싸움을 거는 말이고, ②는 생각하게 하는 말이다.

아이가 겉옷을 안 입고 가겠다고 떼쓸 때

① "추운 거 몰라? 엄마 말 들어. 얼른 입고 가."

② "빨간 옷 입을래, 노란 옷 입을래?" "겉옷을 입고 갈까, 아니면 일단 손에 들고 갈까?"

아이가 부모에게 언성을 높이며 무례하게 대할 때

① "함부로 말하지 마. 계속 그럼 가만 안 둬."

② "엄마는 네 목소리가 좀더 부드러워지고 나면, 네 얘길 듣고 싶다. 차분하게 얘기할 준비가 되면 다시 와서 말하렴."

아이가 식탁에서 반찬 투정을 부릴 때

① "애써 차려준 건데 고마운 줄 알아야지. 잔말 말고 먹기나 해."

② "차려놓은 음식을 먹든지, 아니면 다음 식사가 더 입맛에

맞을지 기다려보는 게 어떨까. 먹기 싫으면 식탁에서 내려 가도 좋아.”

　저자들은 책에서 이렇게 선택권을 줄 때 주의할 점도 몇 가지 같이 일러주고 있다. 먼저 선택사항을 잘 정해야 한다. 부모가 언행일치할 수 있는 선택권만 주도록 신중을 기해야 하는 것이다. 지키지 못할 사항이라면 아예 처음부터 언급하지 않는 것이 좋다. 아이가 자기 선택의 결과를 감수하도록 내버려둘 의향이 없다면 선택권 제시의 방식으로 아이에게 요청하지 않는 게 좋다. 선택하지 않는 것도 아이로서는 하나의 선택이다. 저자들은 선택권을 제시할 때 아이에게 양자택일로 요구하되, 스스로 결정하지 않으면 부모가 대신 결정한다는 점도 분명히 해두라고 권고한다.

　또한 저자들은 선택권을 제시할 때 부정문보다는 긍정문으로 말하는 게 좋다고 이야기한다. 부정문은 명령과 강제의 분위기, 긍정문은 요청과 선택의 뉘앙스를 띨 가능성이 높기 때문이다. “레슨 연습을 마치기 전까지는 나가 놀 수 없어”라고 말하는 것보다 “연습을 마치는 대로 밖에 나가서 놀도록 해”라고 이야기하는 게 낫다.

　선택권은 아이가 해야 할 일과 논리적인 연관이 있을수록 좋다. 아이들 역시 합리적인 이유가 있을 때 더 잘 납득한다. "지금까지 가지고 논 장난감을 다 치우고 나면, 놀이터에 나가서 놀 수 있어"와 같이 앞말과 뒷말이 간접적으로라도 연관되는 게 바람직하다. 그런 의미에서 처벌은 진정한 의미의 선택사항이라 보기 어렵다. 요구와 처벌이 별다른 논리적 연관성이 없기 때문이다. 교훈의 효과도 그만큼 빈약하다. 부모가 아이를 옴짝달싹 못하게 만들 목적으로 자신의 요구와 부정적인 선택사항을 결합하는 것은 선택권을 주는 척하는 것에 불과하다. 일종의 제스처일 뿐, 진짜 선택권은 아니라는 것이다. "지금 바로 할래, 아니면 한 대 맞고 할래" 같은 말을 들은 상황에서 맞고 하겠다는 선택은 아이에게 강제나 다름없다.

매사 아이보고 선택하라고 하는 것도 문제다. 클라인과 페이는 건강과 안전에 관한 문제까지 양자택일의 방식으로 제시하는 건 곤란하다고 말한다. 위험한 길가에서 공놀이를 하는 것처럼 안전사고가 발생할 소지가 있는 문제를 선택사항에 넣어서는 안 된다는 것이다. 아이가 위험할 수도 있는 상황이라면 부모가 직접 분명한 지시를 내려주어야 한다. 연령에 따라서도 선택의 범위가 달라질 필요가 있다. 5세 미만의 아이들에게는 양자택일과 같이 간단한 선택권을 주는 것이 좋은 반면, 5세 이상에서는 개방형의 선택권 제시(예: "아침 먹고 후식으로는 뭘 먹고 싶니?")를 고려하는 게 좋다. 선택의 범위가 너무 넓어도 문제다. 특히 아이가 불안하거나 당황한 때라면 가능한 한 범위를 좁혀서 제시하는 게 바람직하다.

아이가 부모의 의도와 반대로 선택하는 경우도 얼마든지 있을 수 있다. 이때도 아이를 나무라지 말고 태연하게 그 선택에 상응하는 결과를 보여줄 수 있어야 한다. 말은 줄이고 행동으로 교훈할 수 있어야 한다. 부모가 말을 너무 많이 하는 것은 결과가 들어갈 자리에 부모가 대신 들어가는 것과 마찬가지다.

특히 "거봐. 엄마가 뭐라 그랬어" 같은 말은 덧붙일 필요가 없다. 클라인과 페이는 이런 상황에서 공감을 권한다. 아이의 자발적 선택으로 부정적인 결과를 맞닥뜨리게 됐다면, 잔소리는 그만두고 그에 대해 안타까움을 표하며 공감해주는 것으로 충분하다는 것이다. 가령, 반찬 투정을 하다 저녁을 굶은 아이가 있다고 하자. 아이가 저녁시간이 한참 지나고 나서야 결국 배고프다며 엄마에게 투덜댄다. 그럴 때 "엄마가 배고플 거라고 했어, 안 했어? 그러니까 엄마 말을 들었어야지"라고 하는 건 교육적이지 않다. 야단이 개입되면 배고픔이 가져다주는 교훈의 효과는 반감된다. 그보다는 "어떤 느낌일지 알 것 같아. 엄마도 어쩌다 바빠서 한끼 굶게 되면 무척 배가 무척 고프더라고. 내일 아침을 잘 준비해놓을 테니 아침은 꼭 먹도록 하자" 정도로 마무리를 짓는 게 좋다. 아이가 어려움을 겪고 있을 때는 공감이 최선이다.

예나 지금이나 먹는 문제와 관련된 훈육은 쉽지 않다. 다음은 유아교육 잡지 『엄마랑 아기랑』 1977년 8월호에 실린 엄앵란씨의 글이다.

내 정성의 보람도 없이 아이는 점점 마르고 허약해갔다. 음료수, 간식 이외에는 먹지를 않아 식사시간이면 쟁반에다 밥을 차려 들고 따라다니며 먹여야 할 정도였다. 나는 밥을 먹이다가 너무도 속이 상해서 숟가락을 앞마당에 내동댕이쳐버리고 혼자 운 적도 여러 번이었다. 어느 날 육아상담을 하는 방송시간에 너무 먹어라, 먹어라 권하지 말라는 말을 들었다.

우리 아이에게 그렇게 했다가는 당장 굶어죽을 것만 같았다. 그러나 나는 그 박사님의 말씀을 따르기로 결심했다. 아이와 나의 대화에서 '먹어라'라는 말을 빼버리기로 한 것이다. 하루이틀을 그렇게 보내면서 나는 아이가 혹시 잘못되는 것은 아닐까 하는 걱정으로 끊임없이 괴로워하였다. 사흘째 되던 날, 아이는 스스로 '밥 달라'는 말을 하기 시작했다. 나는 극히 자연스럽게 밥을 주었다. 그때부

터 아이는 한 달 두 달 나날이 자라는 속도가 빨라지기 시작
했다.

_이원영, 『젊은 엄마를 위하여』(샘터사, 1980)에서 재인용.

이 정도까지 하려면 부모로서는 대단한 용기와 배포가 필요
하다. 아이가 먹지 않는데 어떻게 이틀이나 기다릴 수 있을
까. 어느 부모라도 쉽지 않을 것이다. 자칫하면 방치가 될 수도
있다.

아이가 잘 먹지 않으면 대개의 부모는 아이를 쫓아다니며 전
전긍긍 밥을 먹이느라 애를 쓰게 된다. 아이는 입으로 수저가
다가온다 싶으면 고개를 홱 돌려버리고 숟가락을 피해 도망 다
니기 일쑤다. "한 숟갈만 먹어봐. 이거 먹으면 까까 줄게"라고
회유하거나 "안 먹으면 이따 텔레비전 안 보여준다"고 협박도
해보지만, 이마저도 안 통할 때가 있다. 물에 말아서든 국에
말아서든 한 공기를 다 먹여야 끝나는 게임이다. 매번 쉽지가
않다.

사려 깊은 무관심이 필요하다

차려주기만 하고 먹든 말든 내버려두는 건 아이를 보호하고
자 하는 부모의 본능에 반한다. 하지만 지혜로운 훈육이 반드시

본능에 일치하는 건 아니다. 때론 절제된 사랑이 필요하다. 잘 먹는 데 필요한 건 어디까지나 아이의 식욕이지 엄마의 의지가 아니다. 부모가 먹이는 게 아니라, 아이가 먹는 것이다. 사려 깊은 무관심이 필요할 때도 있다.

클라인과 페이는 훈육의 원칙을 간결하게 둘로 정리한다. 첫째, 부모는 아이에게 화를 내거나 잔소리하는 대신 확고하면서도 사랑이 담긴 행동 범위를 제시한다. 둘째, 아이가 문제를 일으키면 슬픔과 안타까움으로 아이에게 공감을 보인 다음, 문제의 결과는 아이 손에 맡긴다. 결코 쉬운 일은 아니지만, 선택권 제시를 통한 한계 설정, 확실한 결과 적용, 따뜻한 공감이 균형을 이루도록 노력하는 게 훈육의 핵심이다.

처벌에도 정성이 필요하다

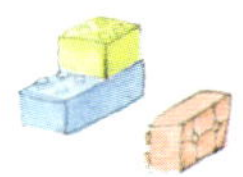

하성이가 블록 놀이를 하면서 〈당신은 사랑받기 위해 태어난 사람〉이라는 노래를 부르고 있었다. 어디서 배웠냐니까 어린이집에서 배웠단다. 어린이집이라면 그만둔 지도 시간이 한참 흘렀는데, 이제 와서 왜 문득 저 노래가 생각났을까 궁금했다.

노래를 부르다 말고 아이가 뜬금없이 '당신'하고 '존재'가 무슨 뜻인지 물었다. 당신은 '너'하고 같은 말이고, 존재는 '있다'는 뜻이라고 일러주었다. '당신이 존재함으로 기쁘다'는 말은 '네가 있어서 좋다'는 뜻이라고. 아이는 이후로도 줄곧 들릴 듯 말 듯 노래를 흥얼거렸다. 아이는 특히 마지막 소절을 좋아해 여러 번

불렀다.

"당신은 사랑받기 위해 태어난 사람, 지금도 그 사랑 받고 있지요."

회식이 있어 늦게 귀가한 날이었다. 아이들은 다 자고 있었다. 아내가 하성이 이야기를 꺼냈다. 하성이가 밤 열시쯤 자다 말고 일어나 엄마에게 〈당신은 사랑받기 위해 태어난 사람〉을 불러달라 했다고 한다. '당신'에 자기 이름인 '하성이'를 넣어달라는 주문도 빠뜨리지 않았다. 다 부르면 "또, 또!"를 외치며 다시 불러달라고 했다. 그래서 몇 번 더 불러줬더니 아이가 스르륵 다시 잠들더란 얘기였다.

재미있는 얘기인 줄로만 알았는데, 아내의 표정이 좋지 않았다. 얼마나 사랑받고 싶었으면 자다 깨서 노래를 다 불러달라고 했겠냐고, 아내는 아이가 안쓰럽다고 했다. 유난히 아이에게 화를 많이 낸 날이었다고 한다. 아이가 노래를 두번째 불러달라고 했을 땐 눈물을 참느라 혼났다고 했다. 아내의 모습이 유난히 지쳐 보였다.

아내는 아이를 낳기 전엔 자기가 이런 엄마가 될 줄 꿈에도 몰랐다고 한다. 밖에서는 어느 누구도 함부로 대하지 않는 아내였다. 누구에게나 친절하고 다른 사람을 먼저 배려하는 게 몸에 밴 사람이었다. 그런데 아이에게만큼은 그게 잘 안 된다고 했

다. 온갖 스트레스가 쌓이다 결국 집에서 가장 약한 아이들에게
로 터져나오는 것 같다고 말했다.

이해가 갔다. 아내에게는 하루가 돌림노래나 마찬가지였다.
한 아이를 챙기고 나면 곧 다른 아이를 돌봐야 하고, 그 아이를
보고 있으면 또다른 아이에게 일이 생긴다. 아이들 여럿이 동시
에 요구할 때면 특히 더 힘들어진다. 집안일도 진도가 안 나가
는데 아이가 자잘한 일들을 요구하면 짜증이 난다. 그럴 때 아
이가 말을 안 듣기라도 하면, 더러 화가 나 버럭 소리를 지르기
도 하고, 가끔은 자신도 모르게 아이 머리를 쥐어박는 경우도
생긴다는 것이다. 아내는 아이들이 지저분하게 행동하는 걸 특
히 싫어했다. 아이가 변기 뚜껑을 가지고 장난치거나 음식 먹고
더러워진 손으로 아무데나 만지고 다니면 대번에 큰소리가 나
왔다.

하루는 셋째와 넷째가 잠든 사이, 잠시 짬을 내 쌍둥이와 놀
아주다가 아내가 "엄마가 너희들 사랑하는 것 같아?"라고 물어
본 적이 있었다고 한다. 아이들은 엄마가 하영이와 하겸이는 사
랑하는데, 자기들은 사랑하지 않는 것 같다고 했다 한다. 왜 그
런지 물으니 아이들은 "엄마가 화를 내니까"라고 대답했다. 아
빠는 사랑하는 것 같은지 물었더니 아빠는 자기들을 사랑하는
것 같다고 말했다 한다.

실은 나 역시도 종종 화를 낸다. 주말에 같이 있어보면 아내의 심정을 알 것 같다. 큰소리를 안 내려야 안 낼 수 없는 상황이 있는 것이다. 이는 자제력의 문제가 아니라 아이들과 함께 보내는 절대적인 시간의 문제이기도 했다. 오랜 시간 아이들과 붙어 있는 아내가, 상대적으로 아이들을 볼 시간이 적은 나보다 화가 더 많이 나는 건 당연한 일이었다.

화가 나면 나 역시 애들 엉덩이를 세게 때려주고 싶은 심정이 들 때가 있다. 아이들에게 손을 대진 않아도 "계속 그러면 한 대 맞는다"며 아이를 을러댈 때도 있었다. 체벌과 위협의 유혹은 늘 있다.

이래선 안 되겠다는 생각이 들었다. 뭐든 애매한 상태로 놓아두면 상황과 감정에 휩쓸릴 때가 많다. 처벌은 특히 그렇다. 벌에도 규칙이 있어야 막상 그 상황이 닥쳤을 때 침착하게 대처할 수 있다. 아이를 이성적으로 대하려면, 벌도 미리 정해둘 필요가 있었다. 다시 한번 우리집의 처벌 규칙을 확실히 해두기로 마음먹었다. 아내와 머리를 맞대고 앞으로 아이들에게 어떻게 벌을 줄지 의논했다.

우선, 체벌은 절대 금지. 우리 부부는 체벌 없이 아이를 키우기로 다시 한번 방침을 정했다. 체벌 말고도 할 수 있는 일들이 많은데 아이 몸에 손을 댄다는 건 부모 스스로 나약함을 보여주는 것밖에 되지 않는다는 생각이 들었다. 아이가 잘못을 하면, 짧게 타임아웃을 하거나 그에 상응하는 불이익을 주면 될 일이었다. 머리를 쥐어박거나 엉덩이를 때리거나 완력을 가해 아이를 위협하는 일은 앞으로 없도록 하자고 했다. 체벌하겠다는 경고나 협박도 되도록이면 하지 말자고 이야기했다.

타임아웃은 이렇게 하기로 했다. 먼저, 타임아웃 할 장소를 정했다. 그동안에는 딱히 타임아웃 장소를 정하진 않고 안방, 서재, 놀이방 등에서 되는 대로 했다. 앞으로는 맨 끝에 있는 방을 타임아웃 하는 방으로 정해서 쓰기로 했다. 그 방에는 장난감도 없고 책도 없었다. 안 쓰는 침대 매트리스만 달랑 하나 있었다. 우리는 그 방을 '심심한 방'이라 부르기로 했다. '벌 받는 방'이 아니라 어디까지나 '심심한 방'이었다.

어떤 행동에 대해 타임아웃을 할 것인지도 다시 한번 정했다. 먼저, 아이들의 공격적인 행동에 대해서는 경고 없이 바로 타임아웃 하기로 했다. 한 번 더 그러면 타임아웃 한다는 메시지는 아무 소용이 없었다. 때리거나 꼬집거나 세게 붙잡거나 넘어뜨리는 등 다른 사람을 아프게 하는 행동에 대해서는 바로 타임아웃을 하기로 했다. 둘이 싸우면 한 명은 서재, 다른 한 명은 '심심한 방'에서 타임아웃을 하기로 했다. 또한 심하게 떼쓰는 행동에 대해서도 타임아웃을 하기로 했다. 별다른 이유 없이 심하게 떼를 쓰거나 소리를 지르면, 잠시 '심심한 방'에 들어가 마음을 가라앉히고 나오기로 했다.

시간은 2분으로 정했다. 전에는 1분도 했다 5분도 했다 대중 없이 했는데, 앞으로는 2분간만 하기로 했다. 짧은 타임아웃으로도 효과가 있다면 굳이 길게 할 필요는 없겠다 싶었다. 타임아웃이 길면 감시하는 부모도 힘들어진다. 흥분을 가라앉히기에 1분은 좀 부족한 시간이었다. 몇 번 시간을 바꿔가며 해본 결과, 우리집에서는 2분 정도가 딱 적당했다. 아이들에겐 이렇게 설명했다.

"타임아웃은 잠깐 동안 '심심한 방'에 들어가서 혼자 조용히 있다 나오는 거야. 다른 사람을 아프게 하는 행동을 할 때나, 심하게 떼를 쓸 때 심심한 방에 들어가게 될 거야. 시간은 딱 2분 동안만이야. 아빠가 타이머를 2분에 맞춰놓고 방 앞에 놓아둘 거야. 2분이 지나면 자동으로 알람이 울리겠지. 그 소리와 함께 타임아웃도 끝나는 거야. 그러면 방에서 나와도 돼. 소리가 들리기 전에 방에서 나오면 처음부터 다시 시작할 거야."

시범을 보여주기로 했다. 어떻게 하면 좋을까 고민하다 아이들이 직접 아빠를 타임아웃 하도록 해보면 어떨까 하는 생각이 떠올랐다. '척하는 놀이'처럼 해보기로 했다.

"이제 아빠가 막 화가 나서 무서운 표정을 하고 '이놈!' 하고 큰 소리를 낼 거야. 물론 진짜 화난 건 아니고 그런 척하는 거지. 그러면 너희들이 아빠한테 타임아웃을 하는 거야. 이렇게 말하면서 말이야. '아빠, 소리지르면 안 돼요. 심심한 방으로 가세요!'라고. 일단 30초만 해보자."

아이들 눈빛이 반짝거리면서 신이 나기 시작했다. 아빠에게 벌을 주다니, 아이들로선 흥분되는 일이 아닐 수 없었다. 아이들에게 타이머 작동법을 간단히 알려주고 시범에 들어갔다. 화난 표정만 지어도 벌써부터 아이들이 깔깔대며 웃기 시작했다. "이놈!" 하고 큰 소리를 질렀더니 아이들이 일제히 "아빠, 소리치지 마세요. 심심한 방으로 가세요!"라고 외쳤다.

부루퉁한 표정을 하고 씩씩거리며 아이들 손에 이끌려 '심심한 방'으로 들어갔다. 아이들은 문을 닫고 방 밖에서 바로 타이머를 작동시켰다. 아이들은 내가 방에 들어가 있는 동안 뭐가 좋은지 잔뜩 신이 나 계속 웃고 뛰어다녔다. 30초가 지나자 어김없이 타이머가 울렸고 나는 밝은 표정으로 다시 나와 아이들과 같이 놀았다.

타임아웃 방식을 확실히 정하고부터 타임아웃 할 일은 오히

려 줄어들었다. 신기한 일이었다. 규칙대로 하면 아이를 위협할 필요가 없었다. 그만큼 불필요한 긴장도 줄어들었다. 그 결과 타임아웃의 빈도도 자연스럽게 감소하는 것 같았다.

타임아웃을 하는 일도 전보다 더 수월해졌다. 허용되지 않은 행동을 하면 바로 무엇 때문에 타임아웃 하는지 이야기하고 아이를 심심한 방으로 데려갔다. 딱 2분만 했다. 벌이라기보다 마음을 가라앉히는 시간 정도로 활용했다. 그것으로도 충분했다.

존재만으로도 기쁨이라고 노래만 부를 게 아니라 아이를 실제로 더 존중해야 한다. 굳이 화내지 않고 윽박지르지 않고 아이를 벌할 수 있다면, 그렇게 하는 게 훨씬 낫다. 시간을 들여 미리 계획하고 그대로 시행하면 불필요한 처벌을 줄일 수 있다. 사랑받기 위해 태어난 아이들이 정말로 부모의 사랑을 느끼면서 자라려면, 처벌에도 정성을 들여야 한다.

『4無 육아』
토머스 라이머스 지음, 박미경 옮김, 조선북스, 2013

부모는 세상 앞에서 그저 한 사람에 불과하지만, 아이에게는 세상 전부나 다름없다. 아이는 부모를 보고 세상을 배운다. 부모가 온화하다면 아이는 세상도 따뜻한 곳일 것으로 생각하기 쉽다. 부모가 매정하다면 아이는 세상도 혹독한 곳이지 않을까 미루어 짐작할 가능성이 높다. 부모가 일관되지 못하다면 아이는 아마도 세상을 예측할 수 없는 곳으로 여길 것이다.

많은 부모가 사랑의 매라고, 깨달음을 주기 위해 때리는 거라고 이야기한다. 하지만 아이는 다르게 받아들인다. 아이는 왜 맞았는지 금세 잊어버린다. 맞으면서도 '이게 맞을 일인가' 이해 못 하는 경우도 많다. 교훈은 사라지고, 아이의 뇌리에는 폭력을 휘두른 부모의 모습만 남는다. 부모가 언제 어떻게 폭발할지 모른다는 공포만 아이 마음에 또렷이 새겨진다. 호통치며 때리는 부모에게서 사랑을 느낄 아이는 없다. 안타깝게도, 사랑의 매에는 사랑이 없는 경우가 허다하다.

체벌의 부정적인 효과는 오래간다

부모는 체벌로 아이를 가르치면 아이의 행동이 좋게 바뀔 것으로 기대한다. 하지만 그런 일은 좀처럼 일어나지 않는다. 부정적인 행동은 잠시 멈췄다가 이내 돌아온다. 연구결과도 이를 증명한다. 『가족 심리학 저널Journal of Family Psychology』에 실린 체벌에 관한 논문 한 편이 최근 주목을 끌었다. 이 연구에서 조지 홀든George Holden 박사팀은 조사 대상 가정 33곳에 6일 동안 녹음장치를 설치하고 체벌 유무, 체벌 빈도, 체벌 후 아이의 행동 변화를 조사했다. 연구결과, 조사 대상 가정의 45퍼센트에서 아이에게 체벌을 가하는 것으로 나타났다. 조사 기간이 6일로 짧았음을 감안하면 예상 밖의 높은 비율이었다. 하지만 이 연구에서 더 주목을 끈 결과는 따로 있었다. 체벌받은 아이 중 73퍼센트는 체벌 후 10분 이내에 다시 '하지 말라는 행동'을 하는 것으로 나타났다. 부모의 기대와 달리, 체벌은 아이를 교훈하지 못

했다. 매우 일시적으로 아이의 행동을 억제할 뿐이었다.

한편, 체벌의 부정적인 효과는 장기간에 걸쳐 나타난다. 체벌은 아이의 공격성을 키워 아이를 성난 어른으로 자라게 하거나, 아이의 자존감에 큰 상처를 입혀 자기 자신을 사랑하지 못하게 만들기도 한다. 훈육에서 체벌이 차지하는 위치를 최소한으로 제한해야 하는 이유가 여기에 있다. 체벌이 아니고서도 같은 목적을 달성할 수 있다면 그 편을 택하는 것이 옳다.

토머스 라이머스^{Thomas M. Reimers}가 쓴 『4無 육아』의 부제는 '짜증내지 않고, 소리치지 않고, 애걸하지 않고, 회초리 들지 않고 아이 키우기'다. 부모라면 누구나 느끼겠지만, 이 네 가지를 하지 않고 아이 키우기란 결코 쉽지 않은 일이다. 처음 부모가 되고서 답답한 마음에 육아서를 들춰보기도 하지만 그런다고 부모 노릇을 꼭 잘하게 되는 것은 아니다. 육아에 관한 지식을 축적하는 것과, 실제로 아이를 잘 키우는 것은 전혀 다른 문제이기 때문이다.

부모에게 부족한 건 지식이 아니라 기술

이 책의 저자 라이머스도 비슷한 이야기를 한다. 임상심리학자이자 부모교육 전문가로 20년 넘게 상담 현장에서 일해온 라이머스는, 자신도 상담 초기에는 '과학'에 신경을 많이 썼다고 이야기한다. 하지만 귀가 닳도록 과학적인 육아 지식을 알려주어도 부모들의 행동은 좀처럼 달라지지 않았다. 결국 그가 깨달은 건, 부모들에게 부족한 것은 지식이 아니라 기술이라는 사실이었다. 라이머스는 점차 과학적 지식을 전해주는 것보다 실질적인 육아 기술을 전수하는 데 더 초점을 맞추게 되었다고 이야기한다.

라이머스는 안타깝게도 부모들이 훈육과 처벌의 차이를 제대로 이해하지 못하고 있다고 말한다. 많은 부모가 훈육하는 과정에서 아이의 나쁜 행동을 잡는 데만 지나치게 열을 올린다는 것이다. 훈육은 아이의 긍정적 행동을 길러주고 부정적 행동을 줄여주기 위해 부모가 사용하는 전반적인 행동 전략을 말한다. 한편, 처벌은 아이가 부정적 행동을 할 때 부모도 똑같이 아이에게 부정적인 조치를 취함으로써 아이의 행동을 잠시 억누르는 것에 불과하다.

라이머스는 처벌만으로는 아이의 행동이 좀처럼 긍정적으로 변화하지 않음에도 불구하고, 많은 부모가 훈육과 처벌을 동일시하며 지나치게 자주, 때론 심하게 아이를 처벌하고 있다고 지적한다. 물론 처벌을 전혀 하지 않을 수는 없다. 라이머스도 이 점은 인정한다. 하지만 처벌이 아이에게 해를 입혀서는 곤란하다. 그는 이 책에서 아이에게 상대적으로 해를 덜 입히는 처벌

로 특혜 박탈, 과잉교정, 타임아웃 등의 방법이 있다고 이야기
한다.

먼저, 특혜 박탈은 아이에게 일시적으로 불이익을 주는 것을
말한다. 텔레비전 시청, 휴대폰 사용, 게임, 자전거 타기 등을
잠시 못 하게 하는 것이다. 점수표를 활용한 행동 수정을 진행
하고 있다면 점수를 일부 빼앗을 수도 있다. 여기서 중요한 것
은 벌은 미리 정해져 있어야 하고, 지속시간은 길지 않은 게 좋
다는 것이다. 벌이 정해져 있지 않으면 즉흥적으로 과도한 벌을
주게 되기 십상이다. 처벌의 강도가 그때그때 달라질 수도 있
다. 또한 기간이 길어지면 부모가 일관되게 벌을 유지하기가 어
려워진다. 금지와 허용을 놓고 아이와 계속 실랑이를 벌이느라
힘만 든다. 금지하는 기간은 대개 하루이틀이면 충분하다.

과잉교정은 아이가 자신의 행동에 책임을 지고 대가를 치르
게 하는 것을 말한다. 아이가 바닥에 책을 집어던졌다면, 벌을
받은 뒤에도 어질러진 현장은 그대로 남는다. 이때는 아이를 다
시 현장으로 돌려보내 흩어진 책을 다시 책장에 꽂도록 하는 것
이 좋다. 물론 아이의 연령에 따라 부모가 치우는 과정의 일부
를 도와줄 수 있다. 하지만 여기서도 핵심은, 아이가 직접 치우
면서 불편을 느끼게 되는 것이다. 추가로 다른 곳을 치우게 할
수도 있다. 아이가 자신이 한 행동과 그 이상에 대해서까지 책

임지는 경험을 하면, 이후로는 같은 행동을 반복할 가능성이 줄어들게 된다.

타임아웃은 간단히 말하면, 아이를 잠깐 동안 심심하게 두는 것을 말한다. 전문가들은 타임아웃을 '강화물로부터의 타임아웃'이라고 부르기도 한다. 말하자면, 아이가 좋아하는 것들로부터 잠시 떨어져 있게 하는 것이다. 운동 경기로 치면 반칙을 해서 일시적으로 퇴장당하는 것과 같다.

타임아웃을 어디서 하는지는 그렇게 중요하지 않다. 거실 한쪽 끝에 놓인 의자, 놀잇감이 없는 심심한 방, 복도 같은 곳, 어디서라도 타임아웃을 할 수 있다. 다만 지나치게 어둡거나 무서운 곳은 피하는 게 좋다. 타임아웃의 본질은 긍정적 강화물로부터 아이를 떨어뜨려놓는 것이지, 부정적으로 처벌하는 게 아니기 때문이다.

라이머스는 타임아웃이 일종의 '경험'이지 '장소'가 아니라고 말한다. 장소보다 더 중요한 건 아이가 타임아웃을 통해 무엇을 경험하느냐 하는 것이다. 타임아웃을 통해 아이는 즐거운 시간에 동참할 수 없고 일시적으로 고립되어 지루하다고 느껴야 한다. 타임아웃이 재미있는 시간이 되거나 또는 지나치게 불쾌한 경험이 되는 건 바람직하지 않다. 심심해서 나오고 싶어질 정도면 된다.

처음 타임아웃을 연습할 때는 타이머를 5초나 10초 정도로 맞추고 짧게 해보는 것이 좋다. 아이가 타임아웃 장소에서 30초 동안 잘 있을 때까지 그보다 더 짧은 시간으로 반복적인 연습을 할 필요가 있다. 그런 다음, 아이에게 효과적인 작용을 하는 시점까지 타임아웃 시간을 점차 늘려가는 게 바람직하다. 어떤 전문가는 아이의 나이가 한 살씩 늘 때마다 1분씩 더 늘려갈 것을 권하기도 한다. 아이가 만 3세면 3분을 타임아웃 시간으로 정하는 것이다. 하지만 라이머스는 이 역시 일종의 가이드라인일 뿐 큰 의미는 없다고 이야기한다. 시간을 조금씩 늘려보기도 하고 줄여보기도 하면서, 아이에게 적당히 효과적인 시간을 찾기 위해 노력할 필요가 있다.

타임아웃을 부과하면 아이가 징징대거나 더 성질을 낼 수도 있다. 타임아웃 장소까지 가는 동안 아이가 반항하거나 투덜대는 경우도 흔하다. 라이머스는 이때 아이가 하는 말과 행동은 적당히 무시하라고 이야기한다. 아이의 표현이 너무 지나치면 추후 다른 불이익을 줄 수도 있겠지만, 지금 당장은 타임아웃에 처한 현재의 이유에만 집중하는 것이 좋다는 것이다. 아이의 자극에 넘어가 부모가 화를 내거나 잔소리를 하게 되면 타임아웃의 효과는 오히려 줄어들게 된다. 아이를 타임아웃 장소로 데려갔다면 부모는 별다른 연출 없이 조용히 퇴장하는 게 좋다. 이런 식으로, 일관성 있게 꾸준히 하는 게 중요하다.

타임아웃보다 중요한 타임인

처벌에는 두 가지 목적이 있다. 하나는 응보, 다른 하나는 예방이다. 아이를 키울 때는 응보보다 예방에 더 초점을 맞춰야 한다. 죗값을 치르게 하겠다고 마음먹는 순간 지나치게 엄한 처벌을 하게 된다. 예방을 위해서라면 부드럽고 짧은 처벌로도 충분하다.

아이의 행동이 바뀌는 데는 긍정적 강화가 훨씬 더 중요하다. 타임아웃이 강화물로부터 잠시 배제된 시간이라면, 그 외에 일상적으로 활동하는 모든 시간은 '타임인time-in'이라고 부를 수 있다. 타임아웃은 '타임인'에 비하면 극히 짧은 시간이다. 아이의 행동이 좋아지느냐의 여부는 일상으로부터 배제되는 짧은 시간에 달려 있는 게 아니라, 나머지 긴 시간에 달려 있다.

일상에서 평소 칭찬과 격려를 충분히 받는 아이는, 행동 복원력이 높다. 바깥으로 나갔다가도 금세 안으로 들어올 수 있다. 바깥으로 나가지 않도록 하는 게 중요한 게 아니라, 안으로 들어오고 싶어지도록 만드는 게 더 중요하다. 답은 결국 일상에 있다. 아이가 자신의 삶 속에서 끊임없이 사랑을 받고 누려야 처벌도 효과가 있다.

아이에게 나는 어떤 존재인가. 세상에서 나는 그저 한 사람에 불과하지만, 아직 어린 내 아이에게 나는 어쩌면 세상 전부인지도 모른다. 아이는 사랑받기 위해 태어났다. 부모로서 나는 아이에게 어떤 세계가 되어주고 있는가. 사랑을 주고 있는가, 아니면 소용없는 처벌에 집착하며 사랑을 도외시하고 있지는 않은가.

너는 무엇을 잘하는 아이일까?

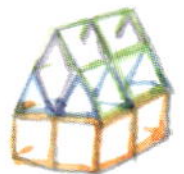

셋째 하영이가 순간 자지러지게 울어 가봤더니, 왼손 엄지와 검지 사이에서 피가 흐르고 있었다. 큰 상처는 아니었지만 연한 살이 찢겨 아프고 놀랐는지 숨넘어가는 소리를 하며 울고 있었다. 그 앞에는 하준이가 손톱 다듬는 작은 가위를 들고 앉아 있었다. 어쩔 줄 몰라 하며 하준이는 가위만 만지작거리고 있었다. 나도 모르게 큰 소리가 튀어나왔다.

"김하준, 네가 그랬어?"

하준이는 화들짝 놀라 움츠러들었다. 당장이라도 울 듯한 표정으로 아무 소리도 못 내고 얼어붙었다. 아내에게 셋째를 맡기고는 하준이를 잡아끌어 옷장 앞에 세웠다.

"여기 손 들고 똑바로 서 있어!"

긴장이 풀렸는지 아이는 울음을 터뜨리며 그대로 주저앉아버렸다.

"서 있으라고, 지금 당장!"

아이를 억지로 일으켜 세워 엉덩이를 손바닥으로 세게 때렸다. 아이를 때려본 적이 거의 없었는데, 그때는 나도 모르게 손이 올라갔다. 셋째가 크게 다친 건 아니었는데도 마음이 쉽게 진정되지 않았다. 떨리는 목소리를 가라앉히려 애를 써야 했다. 실수였다 해도 잘 이해가 가지 않았다. 동생 손을 가위로 자를 생각을 하다니. 동생을 왜?

어느 날 보니 하준이가 우리집에서 나쁜 짓을 골라 하고 있었다. 본래 하준이는 어려서부터 무척 순한 아이였다. 부모를 힘들게 한 일도 별로 없었다. 잘 먹고, 잘 자고, 떼도 덜 부렸다. 환하고 근사한 미소를 가진 아이였다. 보는 사람마다 하준이를 좋아했다.

그러던 하준이가 점차 위축되며 여러 문제행동을 보이기 시작했다. 동생이 태어나고부터 부쩍 떼가 늘었고, 유치원에 가더니 더 심해졌다. 하루는 아이들을 재우고 잠시 식탁에 앉았는데 아내가 하준이에 대한 걱정을 털어놓기 시작했다. 하준이 때문에 너무 힘들다고, 자기가 상담을 받아야 할 지경이라고 했다. 아내의 표정이 어두워졌다.

아내는 하준이가 계속 치대고 매달리면 잘해주려다가도 화가 치민다고 했다. 아이의 약한 모습을 보면 자신을 보는 것 같아 힘들다고도 했다. 때로는 하준이의 살이 닿는 느낌마저 부담스러울 때가 있다고 했다. 그 말끝에 아내는 눈물을 보였다. 순간 멍해졌다. '난 도대체 뭐하고 있었던 거지?' 종일 상담하고 집에 돌아왔는데, 알고 보니 우리집에 정말 상담이 필요한 사람이 있었다.

아내가 하준이의 행동을 하나씩 이야기하기 시작했다. 이런 얘기들이었다. 하준이가 요즘 사소한 일로 너무 많이 징징댄다. 쌍둥이에게 똑같이 블록을 나눠줘도 자기만 하나 더 달라고 떼를 쓴다. 말도 안 되는 요구를 한다. 자기가 쌓아놓은 것을 누가 조금만 건드려도 엉엉 울음을 터뜨린다. 동생을 이유 없이 막 혼낸다. 가만 있는 동생 팔을 세게 붙잡거나 "이놈!" 하고 겁을 주는 건 예사고 간혹 미끄럼틀에서 동생을 확 밀치기까지 한다. 말투와 행동이 더 어린애 같아졌다. 가끔은 기어다니기까지 한다.

들을수록 걱정이 깊어갔다. 대화가 너무 심각해지는 게 불편해져서 분위기를 풀어본답시고 아내에게 농담을 건넸다. "놀이

치료라도 받게 할까? 우리 병원에서 하면 저렴한데." 아무 대답이 없었다. 농담할 분위기가 아니었다.

쌍둥이가 유치원에 들어가면서부터 하준이의 상태가 더 들쭉날쭉해졌다. 기저귀 떼고는 한 번도 그런 적이 없었는데, 하준이가 유치원에서 소변 실수를 하고 왔다. 팬티가 젖어 있었다. 아이는 '쉬'가 아니라 '물'이 나왔다고 했다. 선생님께 소변보러 간다는 말을 못 한 것 같았다. 참고 참다 바지에 지린 모양이었다. 집에 와서는 딴소리를 했다. 한밤중에 자주 울며 깼다. '쉬'가 마려운지 물어도 짜증만 부렸다. 화장실에 데려가면 그제야 길게 소변을 보고는 다시 잤다. 한 주 이상 이런 일들이 반복됐다. 그러다 등원 3주차가 되고부터는 더이상 소변 실수는 일어나지 않았다. 괜찮은 줄로만 알았다. 하지만 그게 다가 아니었다. 하준이의 행동은 나아지는 게 없었다.

형제간의 격차를 아이들 스스로 느끼기 시작한 것도 하나의 이유인 것 같았다. 하성이는 유치원에서 뭔가를 만들어 가져와서 엄마에게 보이는데, 하준이는 도통 아무것도 가져오지 않았다. 미술 교육을 받아보면, 선생님께서 늘 하시는 말씀이 하성이가 손이 빨라 가위질도 잘하고 만들기도 잘한다는 것이었다. 하준이에 대한 언급은 많지 않았다. 최종 작품을 보면 둘의 만듦새에 차이가 있었다.

집에서도 그랬다. 하성이가 놀이를 주도하면 하준이는 주로 따라 노는 입장이 되곤 했다. 노래를 불러도 하성이가 선창하면 하준이는 돌림노래처럼 따라 했다. 하성이는 장난감을 여기저기 흩어가며 재미있게 가지고 노는 데 비해, 하준이는 자기 공간에 물건을 쌓아두기만 하고 갖고 노는 데 소극적이었다. 남이 자기 물건을 만지는 것도 싫어했다. 하준이는 경쟁 상황에서 게임이 자기에게 불리하게 돌아간다 싶으면 받아들이지 못하고 엎어버렸다. 한 번은 윷놀이를 가르쳐 아이들과 같이하고 있었는데, 하성이가 자기 말을 먹자 하준이가 돌연 울며 판을 뒤엎어버린 일도 있었다. 이후로 윷놀이는 다시 하지 못했다.

공부도 걱정이었다. 집에서 아내가 잠깐씩 가르쳐보면 하성이는 말귀를 잘 알아들어 수월한 데 비해 하준이는 상대적으로 뒤처져 시간이 오래 걸린다고 했다. 하루는 아내가 여러 차례 도와줘도 하준이의 연필 잡기가 나아지지 않자 속상한 마음에, "이게 안 되니, 이게?"라며 나무란 적도 있었다고 했다. 하준이가 주눅드는 데는 자기 탓도 있는 것 같다며 아내는 힘들어했다. 그렇게 보자면 내 탓이 더 큰 것 같았다. 등잔 밑이 어둡다더니 정작 우리집 문제를 세심하게 들여다볼 생각을 못 하고 있었다.

쌍둥이는 태어나는 순간부터 모든 게 비교된다. 이란성 쌍둥이는 모습도 다르고 발달도 조금은 차이가 난다. 부모가 애써 드러내지 않으려 해도 아이들 스스로 안다. 한 아이는 크고, 다른 아이는 작다. 한 아이가 먼저 뒤집고, 다른 아이는 나중 뒤집는다. 한 아이가 글을 먼저 깨치고, 다른 아이가 늦게 깨친다. 한 아이가 먼저 지퍼 채우는 법을 배우고 나면 다른 아이는 나중에야 배운다. 하준이는 주로 후자였다. 굳이 비교하지 않아도 자연히 드러났다. 먼저 해낸 아이가 조명받고 나중에 한 아이는 좀처럼 빛을 보지 못했다. 안타까운 일이었다. 하준이가 하성이보다 월등히 잘하는 게 하나 있는데, 그건 달리기였다. 하준이는 안에서든 밖에서든 자꾸 달리자고만 했다. 틈만 나면 내 손을 붙잡고 말했다. "아빠, 우리 달리기 연습해요."

하준이는 자꾸 부모의 사랑을 확인받고 싶어했다. 우리집 거실 벽에는 아이들 돌 사진이 한 장 걸려 있다. 그 사진에는 아빠가 하준이를, 엄마가 하성이를 안고 있는 것으로 되어 있다. 쌍둥이 돌잔치 하는 날, 정신없어 잘 기억나진 않지만, 우리 부부는 아마도 두 녀석을 번갈아 안아주었을 것이다. 하지만 사진만 보면, 하준이는 아빠에게, 하성이는 엄마에게 줄곧 안겨 있는 것처럼 보인다. 하준이는 잊을 만하면 한 번씩 내게, "아빠가 하준이를 안았죠?"라고 물었다. 자기가 더 사랑받고 있다고 믿고 싶은 마음이었다. 아니, 자기가 덜 사랑받고 있는 건 아닌지 묻

는 물음이었다.

자기가 먼저 태어났다는 것도 때때로 강조했다. 쌍둥이는 3분 차이로 태어났다. 하준이가 새벽 1시 9분에, 하성이는 그보다 조금 늦은 1시 12분에 태어났다. 거의 동시에 태어난 거나 마찬가지였다. 하지만 하준이는 자기가 하성이보다 조금 먼저 태어난 것을 알고부터, 틈만 나면 한 번씩 "누가 먼저 태어났어요?"라고 물었다. 웃으며 대답은 해주었지만, 그 질문에 묻어나는 마음이 전해져 안타까울 때가 많았다. 그 마음은 곧, '아빠가 더 사랑하는 건 바로 저죠?'였다. 의심이 배어 있는 물음이었다.

대책이 필요했다. 아직 아이들일 뿐이지만, 이대로 두면 하준이는 하준이대로, 하성이는 하성이대로 좋을 게 없겠다는 생각이 들었다. 아내와 머리를 맞댔다. 먼저 하준이의 좋은 점을 같이 찾아보자고 했다. 대개의 부모는 아이의 장단점을 제법 잘 알고 있다고 생각한다. 하지만, 가만 돌이켜보면 장점보다 단점을 더 많이 보고 있는 경우가 많다. 장점을 안다고 하면서도 정작 눈앞에서 아른거리는 건 단점이어서 일상에서 아이의 장점을 포착해 말해주지 못하는 경우가 많다. 우리 역시 그랬다.

아내와 이야기를 나누다보니, 하준이가 원래 어떤 아이였는지 어떤 좋은 점들이 있는지 하나둘 보이기 시작했다. 하준이의 재발견이었다. 가령 이런 것들이다. 하준이는 책을 좋아한다.

진지하게 듣는다. 마음씨가 따뜻하다. 동생을 잘 보살펴줄 때가 많다(동생을 괴롭힌다는 말과 일견 모순 같지만, 둘 다 사실이다. 동생을 잘 돌봐주기도 하면서 시시때때로 괴롭힌다). 엄마가 말하면 잘 따라온다. '치카치카'도 먼저 하고 옷 입자 해도 먼저 온다. 심부름을 잘한다. 물건을 잘 찾는다. 호기심이 가득하고 질문이 많다. 뭐든 시작했다 하면 꾸준히 잘한다. 잘생겼다(만세!).

일단 아이의 좋은 면을 마음속에 그리기 시작하자 마음이 한결 누그러졌다. 치밀어오르던 답답함도 서서히 내려갔다. 혼란스러운 느낌도 잦아들었다. 우리 부부는 식탁에 앉을 때마다 되도록 자주 아이들의 좋은 점에 대해 이야기를 나눠보자고 했다. 칭찬거리가 눈에 띌 때마다 아이에게 하나씩 이야기를 하고, 틈나는 대로 사랑을 표현해주자고 했다.

나도 따로 결심을 하나 했다. 소아정신과 의사로서가 아니라, 아빠의 자리에서 내가 할 수 있는 일을 해보자고 마음먹었다. 생각해보니, 쌍둥이를 붙여만 놓을 게 아니라 각각 따로 만나는 시간을 늘려보는 게 좋을 것 같았다. 아이들과 일주일에 세 번, 각각 하루 15분씩 따로 놀아주기로 했다. 시간은 아침으로 정했다. 저녁 놀이도 시도해봤는데, 자는 시간만 늦어지고 서로 피곤해서 잘 놀 수가 없었다. 일찍 깨서 서둘러 준비하면 유치원 차 타기 전까지 잠깐씩은 놀아줄 수 있겠다는 계산이 나왔다.

그 시작이 하루 15분이었다.

방법이라고 해봐야 특별할 건 없었다. 먼저 아이 한 명과 놀이방에 단둘이 들어갔다. 문을 잠갔다. 15분 타이머를 맞춰놓고 "시작!"이라고 외치면서 아이와 양손 하이파이브를 했다. 그게 놀이의 시작이었다. 아이에게 하고 싶은 놀이를 묻고, 그날 아이가 좋아하는 놀이를 하며 놀아주었다. 병원놀이, 요리놀이, 은행놀이, 로봇 싸움, 종이접기, 만들기, 기억력 게임 등을 했다. 나는 주로 아이의 조수 역할을 했다. 굳이 잘 놀아주려 애쓸 필요는 없었다. 아이에게 순간순간 반응하며 즐거운 분위기를 만들어가는 게 훨씬 더 중요했다. 놀이가 끝나면 아이를 안아주고 사랑한다고 말해주었다. 우주 끝까지, 그 너머까지 사랑한다고 이야기해주었다. 그 너머가 있다면 그 너머를 말해주고 싶은 마음이었다.

오늘 아침 이야기다. 일어나기 싫어 뒤척이고 있는데, 하준이가 나를 흔들어 깨웠다. "아빠 일어나. 일어나라고!" 버릇없게 굴었다. 아이의 짜증에 반응하지 않았다. 대신 아이를 안아주고, 코를 한 번 살짝 건드리며 잘 잤냐고 물었다. 볼에 뽀뽀도 해주었다. 하준이가 잘하는 것을 시켰다. 집안의 전자기기들 끄기. 온수매트도 끄고, 가습기도 끄고, 아빠 방의 불도 끄고 나오라고 했다. 현관 앞에 가서 신문과 우유를 가져오라고 했다. 각각 잘했다고 이야기해주었다.

하성이가 하준이보다 조금 늦게 일어났다. 하성이가 거실 한 구석에서 '맥포머스'로 뭔가를 만들고 있었는데, 하준이가 다가가 무너뜨려버렸다. 하준이를 야단치지 않고, 다가가 하성이만 달래주었다. 식사시간이 됐다. 하성이는 기분이 상했는지 밥을 안 먹겠다고 했다. 여전히 만드는 데 열중이었다. 하준이가 계속 하성이를 방해하려 했다. 하성이는 심하게 짜증을 냈다.

일단 하준이를 식탁 옆으로 데려왔다. 바닥에 앉히고 신문에 딸려온 광고 전단 한 장과 가위를 아이 손에 쥐여주었다. 광고 전단에 실린 상품 사진을 잘라서 하나씩 아빠에게 보여달라고 했다. 자른 것을 보여주면 그것에 대해 간단히 말해주었다. 거기 적힌 글씨도 같이 읽고, 어디 쓰는 물건인지에 대해서도 이야기해주었다. 아침을 먹으면서도 아이 곁에서 너끈히 할 수 있는 일이었다. 아이가 전단 한 장을 다 자르자, '하나씩 꼼꼼히 자르는 게 쉽지 않았을 텐데 잘했다'고 이야기해주었다. 내 밥을 다 먹고, 하준이를 식탁에 앉혔다. 잘 먹으라고 이야기하며 하준이 머리를 쓰다듬어주었다.

이번엔 하성이 차례였다. 하성이가 맥포머스 만들기를 도와달라고 했다. 놀 시간이 아니라고 말하고 싶은 마음이 굴뚝같았지만, 좀 다르게 대해보기로 했다. 이것도 연습이라 생각하고 다정하게 대했다. 맥포머스로 간단히 만들 수 있는 정이십면체를 아이와 같이 만들었다. 어려운 일은 아니었다. 고작 2~3분 걸렸을 뿐이다. 만들기가 끝나자 하성이의 기분도 많이 풀렸다. 하성이도 식탁으로 데려와 앉혔다. 배가 고팠는지 하성이도 금세 밥을 다 먹었다.

아침을 평화롭게 보내고 났더니, 아이들이 서로를 대하는 게 한결 부드러워졌다. 충돌이 전혀 없는 건 아니었지만, 평소보다 훨씬 더 서로에게 호의적이었다. 하준이는, 평소 같았으면 누구에게도 공유하지 않았을 장난감을 하성이에게 주며 이렇게 말했다. "자, 이거 가지고 놀아도 돼." 엄마가 간식으로 포도를 내왔는데, 하준이가 평소와 달리 하영이가 들고 있는 그릇에 포도 몇 알을 넣어주었다. 하성이도 덩달아 그렇게 했다. 전 같으면 하영이 입에 들어가는 것마저 빼앗고 울렸을 오빠들인데, 전혀 다른 행동이 나왔다. 아이들이 아빠 입에도 포도를 하나씩 넣어주었다. 아이들은 도움을 받자 서로를 도왔다. 격려를 받더니 서로를 격려했다.

아침에 집을 나서기 전, 하준이를 붙잡고 앉아 오늘 잘한 것 두 가지를 이야기해주었다. 하나는 하성이를 방해하지 않고 아빠와 신문지 가지고 잘 논 것, 다른 하나는 하영이에게 포도를 챙겨준 것. 칭찬해주자 하준이가 수줍게 웃었다. 오랜만에 하준이의 환하고 근사한 미소를 보았다.

집을 나서며 기분이 좋았다. 편안했다. 오늘 아침 한 번도 아이들에게 큰소리를 내지 않고, 눈살도 찌푸리지 않았다. 잘한 행동에는 칭찬으로, 성가신 행동에는 무대응으로 일관했다. 다정하고도 분명하게 아이를 대했다. '아침을 원만하게 보낸다는 게 이런 거구나' 하는 생각에 스스로가 대견했다.

좀처럼 그런 일은 일어나지 않겠지만, 이러다 훌륭한 부모가 될지도 모르겠다는 생각마저 들었다. 물론 훌륭할 필요까지는 없다. 시도하고 연습하면서 조금씩 나아지면 된다. 잘하려고 애써도 이상하게 꼬이는 날이 있다. 앞으로도 아마 잘하지 못하는 날이 더 많을 것이다. 하지만 오늘 같은 날이 일주일 중 하루라도 있다면, 그다음 이틀이 된다면, 그게 곧 발전이요 성숙일 것이다.

하준이가 꽤 멋진 청년으로 성장할 것 같다는 기대를 품어보았다. 하준이는 자기 얼굴에 꼭 어울리는 그런 환한 미소를 갖고 있다. 이건 순전히 내 상상이지만, 청년이 된 하준이가 환하게 웃으면 많은 여자들이 넘어갈지도 모르겠다. 미래는 알 수 없지만, 하준이의 어린 시절이 그렇게 웃는 일들로 촘촘히 채워지면 좋겠다는 생각을 했다.

『민주적인 부모가 된다는 것』
루돌프 드라이커스 · 비키 솔츠 지음, 김선경 옮김, 우듬지, 2012

아이는 자기가 어떻게 자라는지 모르고 자란다. 실은 부모가 아이를 키운다기보다 아이 스스로 자라는 것이다. 아이 안에 씨앗이 있다. 알맞은 자리로 들어가기만 하면, 씨앗은 마침내 뿌리를 내리고 싹을 낸다. 어쩌면 부모가 하는 일은 때를 놓치지 않고 물을 주는 정도의 일인지도 모른다. 시간이 흐르면 언젠가는 자연스럽게 꽃이 핀다.

아이에게 소속감은 존재의 뿌리 역할을 한다. 어른만이 아니라 아이도 사회적 존재다. 아이 역시 사회적 관계 속에서 만족을 누린다. 역할을 통해 자신의 존재 가치를 인정받아야 잘 성장할 수 있다.

말귀를 알아듣기 시작하고 얼마 지나지 않아 아이들은 부모가 시키는 간단한 심부름을 할 수 있게 된다. 기저귀도 가져오고, 물티슈도 가져온다. 버릴 것을 주면 쓰레기통에 넣고 온다. 식사 때가 되면 아빠 방에 와서 "밥"이라 알려주기도 한다. 제 한몫을 하겠다는 것이다. 보고 있으면 여간 귀여운 게 아니다. 가족을 위해 도움되는 일을 하면, 아이 마음속에서는 자신감과 용기가 생긴다. 그래서 아이는 끊임없이 주위를 탐색하고, 자기가 할 수 있는 일이 뭐가 있는지 살핀다. 작은 일을 통해서라도 돕고 참여하면서 어엿한 가족의 구성원으로 인정받고 싶은 것이다.

하지만 여기엔 여러 변수가 있다. 부모가 비슷한 역할을 줬는데 자기보다 잘하는 형제가 있으면 제 위치를 찾기 힘들어진다. 싸움에도 승산이 있어야 계속 해볼 텐데, 맞붙는 족족 지고 만다면 어지간한 용기가 아니고서는 같은 조건에서 승부하기가 싫어진다. 자연스럽게 경쟁 상황을 회피하게 된다. 게다가 동생까지 태어나면 자기 위치가 더더욱 위험해진다. 그전까지는 상대적 약자여서 세심한 보살핌을 받았다면, 이제는 더 약한 아기가 태어나 그마저도 어렵게 되는 것이다. 자기 앞에는 여러 면으로 뛰어난 형제가 있고, 뒤에는 아무것도 할 수 없는 무력한 아기가 있다. 아이의 눈으로 볼 때, 부모는 그 둘에만 관심이 가 있고 자기는 샌드위치처럼 사이에 낀 것 같다. 이러지도 못하고 저러지도 못하게 된 것이다. 물론 가운데 있는 아이가 괜찮은 방식으로 인정받는 길은 어딘가에 있을 것이다. 하지만 아이는 아직 거기까지 생각이 미치지 못한다. 그래서 나름대로 몇 가지 '미봉책'을 동원한다.

『민주적인 부모가 된다는 것』의 저자 루돌프 드라이커스Rudolf Dreikurs 박사는 아이가 동원하는 이런 '미봉책'으로 크게 네 가지를 제시하고 있다. 지나친 관심 끌기, 반항, 복수, 포기가 바로 그것이다. 첫 단계로 아이는 일단 부모를 성가시게 만들어 관심을 끌어본다. 귀찮게 굴면 적어도 부모가 한 번은 더 자기를 본다는 걸 아이는 알고 있다. 징징거리며 울어보기도 하고, 크레용으로 벽에 낙서도 해본다. 엄마가 전화를 받으면 따라가 말을 걸고, 아빠가 바닥에 앉아 신문을 보고 있으면 그 위로 올라가 발을 구른다. 모두 지나친 관심을 요구하는 행동들이다. 부모는 대개 귀찮아하면서 억지 관심을 보이거나, 때론 야단을 친다.

관심 끌기가 먹히지 않으면 두번째 단계로 아이는 심하게 반항을 해본다. 식탁에서 함부로 행동하고, 양치도 거부하고, 잘 시간이 되어도 자지 않는다. 부모의 권위와 질서에 도전해보는 것이다. 할 수 없이 부모의 힘에 눌리고 말겠지만 아이도 얻는 게 있다. 부모 힘에 대항하는 위치에 서게 된 것이다. 반항 가지고도 안 되면, 한 걸음 더 나아간다.

세번째 단계로 복수를 시도한다. 부모를 때리거나 할퀴기도 하고, 소중한 물건을 부수기도 하며, 동생을 다치게 하기도 한다. 타인에게 상처를 입히는 무리한 방법을 동원해서라도 자기 존재를 증명하려 한다. 계속해서 무시를 당하느니 차라리 복수하고 엉덩이를 맞는 편이 낫다고 생각하는 것이다. 이쯤 되면 아이는 자기 자신을 사랑받을 수 없는 나쁜 존재로 여기고 있다고 볼 수 있다. 앞의 두 단계보다 심각한 단계다.

마지막 네번째 단계로, 아이는 스스로를 포기한다. 부모 앞에서 완전히 무력한 상태를 내보인다. 간단히 할 수 있는 일조차 하지 않으려 하고, 더이상 자기에게 기대도 말라는 식으로 나온다. 소외의 골이 깊어지면 잉여가 되기를 자처한다. "저를 포기하세요. 그래 봐야 소용없다니까요. 전 아무 쓸모도, 가망도 없어요." 가장 심각한 단계다.

비뚤어진 행동은 좌절의 다른 표현

겉으로 보기엔 비뚤어진 행동이지만 실은 모두가 좌절의 다른 표현일 뿐이다. 지나친 관심 끌기, 반항, 복수, 포기의 순으로 상처도 깊고 낙심도 크다. 아이는 자신의 존재 가치를 증명하려 몸부림친다. 다만 아이 스스로는 아직까지 자기 위치를 되찾을 긍정적인 방법을 모르고 있을 뿐이다. 이런 상황에서 부모가 아이를 계속 나무라고 훈계하면 아이의 상처만 더 깊어진다. 가장 많은 격려를 필요로 하는 아이가 실제로는 가장 적은 격려를 받게 되고, 아이의 행동은 점점 더 나빠진다.

잘해주자 하다가도 막상 아이가 떼를 부리기 시작하면 부모 마음이 편치 않다. 같은 상황이 반복되면 부모도 지친다. 아이의 장점이 좀처럼 떠오르지 않는다. 장점이 떠오르지 않는 건 둘째 치고 문제점만 가득 떠오른다. 어느 순간 돌아보니 내 아이가 '나쁜 아이'가 된 것만 같다. 문제는, 부모가 아이를 '나쁜 아이'로 낙인찍으면 기대대로 실현될 가능성이 높아진다는 점이다. 아이를 나쁘게 대하면, 정말 그렇게 된다. '일시적으로 미숙한 행동'을 '나쁜 아이의 징후'로 대하면, 아이는 그 해석을 무의식적으로 받아들여 그렇게 행동한다. 아이의 무의식적인 의도에 말려들게 되는 것이다. 결국 아이의 행동과 부모의 맞대응이 하나의 패턴으로 굳어진다. 한번 이렇게 자리를 잡으면 바꾸기가 쉽지 않다.

이렇게 꼬인 상황을 어떻게 풀어갈 수 있을까. 드라이커스는 아이를 달리 보고 달리 대해야 한다고 말한다. 아이가 무리한 관심을 요구할 때는 사려 깊은 무관심으로 대해야 한다. 아이가 반항하고 힘으로 맞서면 물러나 개입하지 않는 게 좋다. 일부러 상처 주는 행동을 할 때에도 아이의 감정을 상하게 하거나 같이 보복하지 말아야 한다. 아이가 스스로를 포기해도 부모는 아이를 믿어야 한다. 궁극적으로는, 아이에게 새로운 역할을 부여해 적절한 자기 위치를 찾도록 도와주어야 한다. 어렵지만 부모가 감당해야 할 일이다.

아이 행동의 이면을 상상해보는 훈련

부모가 아이 행동의 본래 의미를 이해하고 다르게 대하려면, 먼저 아이의 행동을 잘 들여다볼 수 있어야 한다. 배우고 고민하며, 아이를 보는 눈을 키워야 한다. 이런 배움의 출발점으로 삼을 만한 책으로, 루돌프 드라이커스의 『민주적인 부모가 된다는 것』은 매우 친절한 안내서 역할을 한다. 드라이커스는 이 책에서 많은 사례를 통해 아이의 어긋난 행동에 숨겨진 의미를 하나씩 풀어 우리에게 보여주고 있다. 드라이커스의 눈으로 아이의 행동을 보면 성가신 행동에서 낙담을, 미운 행동에서 좌절을 읽을 수 있다. 드라이커스는 아이 행동의 해설자다. 아이의 행동이라는 복잡한 텍스트를 차근히 파헤쳐, 큰 줄기를 읽어나갈 수 있도록 도와준다.

드라이커스는 아이를 한 걸음 뒤에서 바라보라고 권한다. 아이의 비뚤어진 행동을 풀 실마리를 찾으려면 한 걸음 물러서서 질문을 던질 수 있어야 한다. '이 행동의 의미는 뭐지? 아이는 이 상황에서 어떤 생각을 하고 있고, 자신을 어떻게 바라보고 있지?' 다음과 같은 질문도 도움이 된다. '우리집에서 아이는 어떤 위치를 차지하고 있지? 이 위치가 아이에게 어떤 의미가 있지?' 이런 질문들에 답해보는 건, 그 자체로 아이 행동의 이면을 상상해보는 훈련을 하는 것이다. 드라이커스의 도움을 받아 아이가 차지하고 있는 자리를 곰곰이 생각하다보면, 아이의 행동을 꿰뚫어보는 눈이 조금씩 트이게 된다.

드라이커스는 아이들을 매우 용기 있는 존재로 본다. 아이는 물론 무력하다. 하지만 아이는 할 수만 있다면 가족을 돕고 싶어한다. 아이 입장에서 보자면, 사실 이렇게 하기가 쉽지만은 않다는 것을 알 수 있다. 드라이커스는 아이의 처지를 대변하며 이렇게 말한다. "아이들에게 어른은 아주 크고 능률적이며 능력 있는 존재다. 그럼에도 불구하고 아이들은 타고난 용기로 포기하지 않고 끊임없이 그 틈에서 살아가려 한다. 만일 우리가 못하는 게 없는 거인들 틈에서 살아야 한다면 아이들처럼 용기를 낼 수 있을까?"

아이는 작고 여린 존재지만 어떻게든 가족 구성원들 사이에서 자신의 위치를 찾으려고 애를 쓴다. 때로 좌절하고 상처를 입더라도 아이는 좀처럼 포기하지 않는다. 이 과정에서 가장 필요한 것은 부모의 지속적인 칭찬과 격려다. 드라이커스는 화초에 물을 주듯 부모가 자주 칭찬과 격려를 해줘야 아이가 비뚤어지지 않는다고 말한다.

하지만 많은 부모들이 격려는커녕 이와는 전혀 반대로 행동하고 있다. 아이의 잘못을 지적해주어야 나쁜 행동을 고칠 수 있다고 믿는 것이다. 그러면서 끊임없이 아이들의 기를 꺾어놓는다. 생각을 전환해야 한다. 아이는 여러모로 어설픈 존재지만, 그 노력을 인정하고 기를 살려주어야 한다. 그래야 행동이 좋아질 수 있다.

"꼭 글씨를 잘 쓸 필요가 있나요?"

진료실에서 만난 아이의 예를 하나 들어보겠다. 글씨가 형편없는 아이였다. 3학년이 되고 4학년이 되어도 필기가 나아지지 않자 부모가 데려왔다. 글씨 때문에 진료실을 찾는 건 그리 흔한 일이 아니다. 부모가 그만큼 답답했다는 뜻이다. 줄 따라 쓰지도 못하고, 어떤 글씨는 알아볼 수조차 없었다. 띄어쓰기도 엉망이었다. 부모는 더이상 참고 볼 수가 없어서 붙잡고 연습을 시켰다. 하나씩 지적했다. 아이를 나무라며, 이것도 고치고 저것도 다시 쓰라고 말했다. 아이는 점차 의기소침해졌다. 글씨

연습이 점점 더 하기가 싫어졌다. 부모가 보여주기 위해 가져온 노트의 맨 첫 장에는 아이 글씨로 이렇게 쓰여 있었다. "꼭 글씨를 잘 쓸 필요가 있나요?"

이런 상황에서 아이의 필기 능력이 좋아지려면 사실상 반대로 접근해야 한다. 먼저, 화이트보드 하나를 준비한다. 아이에게 문장 하나를 불러주고 큰 글씨로 쓰게 한다. 거기서 잘된 글씨에 동그라미를 쳐준다. 동그라미 친 글씨가 어떤 점이 잘되었는지 이야기해준다. 아이에게 잘 쓴 글씨 위에 대고 몇 번 더 똑같이 덧쓰기를 해보라고 말한다. 아이는 덧쓰기를 하며 이제 조금씩 자기가 잘한 점을 알게 된다. 잘 쓰려면 어떻게 노력해야 하는지 배우게 된다. 여전히 잘하지 못하는 부분이 많겠지만 한 걸음 발전한 부분을 인정해주면 아이는 자신감을 얻는다. 아이의 문제점을 더 빨리 고치려면 문제에 초점을 맞춰서는 안 된다. 오히려 우리의 관심을 아이가 한 일 중 잘한 부분에 모아야 한다.

누구나 자신의 강점에 의지해 살아간다

더 중요한 게 있다. 필기 능력은 부모가 보는 아이의 일면일 뿐이다. 아이의 수많은 장점과 단점 중 하나라는 말이다. 아이를 전체적으로 보고 아이의 좋은 점을 보아주어야 한다. 아이가 잘하는 건 잘하는 대로 인정해주고, 무엇보다 아이를 믿어야 한다. 필체가 좋지 않아도 얼마든지 세상을 살아갈 수 있다. 사람은 약점을 바탕으로 사는 게 아니다. 누구나 자신의 강점에 의지해 세상을 살아간다. 아이도 마찬가지다.

우리에게 필요한 것은 용기뿐이라고 드라이커스는 말한다. 용기란 실수나 실패를 하고도 긍지를 잃지 않는 것이다. 부모로서 우리는 모두 완벽하지 않다. 이 사실을 받아들이는 게 용기다. 준비된 부모는 없다. 부모는 시도하면서 연습하는 존재다. 아이를 격려하는 것도 연습이요, 아이의 성가신 행동에 다정하고도 분명한 태도로 반응하는 것도 연습이다. 물론 쉬운 일은 아니다. 하지만 방향을 정하고 하나씩 연습하면 진척이 있다. 더디지만 조금씩 발전할 수 있다. 부모인 나는 오늘도 스스로에게 이렇게 말한다. '나는 불완전한 존재다. 하나씩 배워나가면 된다. 용기를 내자.'

제 말을 듣고 있나요?

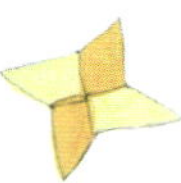

잘 들어야 잘 도울 수 있다. 듣는 게 돕는 길이다. 이걸 어렴풋하게나마 깨달은 건 전공의 2년차 때였다. 정신과를 전공하면 첫 1년은 주로 입원 환자의 주치의 역할을 한다. 그러다 2년차가 되면 외래 환자를 볼 기회가 주어진다. 처음 상담을 의뢰받은 환자는 삼십대 후반의 여자분이었다. 그때 나는 이십대 중반이었고 상담은 물론 초보였다. 누구나 처음엔 다 그렇지만, 많이 긴장했고 잘할 자신도 별로 없었다. 누군가의 인생을 감당하며 도울 정도로 충분한 지식과 기술을 갖추고 있지 못하다고 느꼈다. 정신과를 전공한다고 해서 사람 자체가 성숙한 건 결코 아니다. 속에는 인간적인 약점이 얼마든지 있을 수 있다. 지금도 마찬가지지만, 생활인으로서의 나를 보면 다른 사람들과 크게 다를 바가 없다. 정신과 의사 역시 때로 유치하고 때로 우울해하며 때론 간절하게 인정받길 원한다. 상담을 어디서부터 시작해야 좋을지 몰라 4년차 선배에게 물었다. 선배는 환자의 이야기를 그저 잘 듣고 이해한 것을 풀어서 설명해주면 된다고 했다. 하다보면 알게 된다고. 그게 다였다. 일단 만나보기로 했다.

상담치료는 일주일에 한 번, 50분씩 하기로 했다. 달리 할말도 없고 해서 처음에는 주로 듣기만 했다. 귀를 쫑긋하고 정말 열심히 들었다. 중요한 얘기다 싶으면 노트에 차곡차곡 적기도 했다. 그분이 어떻게 살아왔는지, 무슨 생각을 하며 어떻게 살고 있는지 이해해보려 애썼다. 어떤 날은 그분의 어린 시절 이야기가 나왔고, 또 어떤 날은 가족 이야기가 나왔다. 그중 몇 가지는 그분이 오랫동안 감춰왔던 이야기였다. 그런 이야기는 듣는 순간 알게 된다. 표정과 말투, 목소리의 떨림, 이 모든 것에서 오랜 고통의 무게가 느껴지기 때문이다.

치료 횟수가 10회를 넘어가면서부터는 그분의 인생 퍼즐이 조각조각 맞춰지는 것 같은 느낌이 들었다. 어렴풋하게나마 큰 그림이 그려졌다. 그분의 증상도 차츰 호전됐다. 왜 좋아지는지는 잘 알 수 없었지만 전반적으로 그분의 감정 표현이 풍부해졌고 자신감도 늘었다. 전보다 더 조리 있게 자기 이야기를 했다.

상담이라는 분야가 흥미롭게 느껴지기 시작한 것도 그 무렵이었다. 책도 몇 권 읽었다. 『정신치료 어떻게 하는 것인가』 『정통 정신분석의 기법과 실제』 같은 제목의 책들이었다. 전문적으로 상담만 하시는 선생님들로부터 따로 지도를 받기도 했다. 그러다 어느 순간, 내가 그저 이야기를 들어주는 역할에 머물고 있는 건 아닌가 하는 생각이 들었다. 그래서 나름대로의 분석 결과를 말씀드리고, 조금씩 '해석'을 하기 시작했다. 그분이 가지고 있는 어릴 적 경험과 현재 문제를 연결해서 들려주기도 하고, 특정 인물에 대한 느낌이 주변 사람들에 전이되어 그림자처럼 나타나는 현상에 대해서도 이야기했다. 책에서 본 낯선 용어가 나도 모르게 튀어나올 때도 있었다. "지금 보이는 모습은 어머니에 대한 양가감정 때문인 것 같습니다. 양가감정이란……"

이제야 치료다운 치료를 하는 것 같았다. 그분이 30분 정도 이야기를 하고 나면, 나도 한 10분 정도 해석을 하곤 했다. 깔끔하게 분석해서 정리해주고 나면, 뭔가 도움이 되고 있다는 생각에 뿌듯한 기분마저 들었다. 그렇게 몇 번의 만남이 더 흘렀을 때였다. 어느 날 상담이 끝나고, 뭔가 더 하실 말씀이 있는지 물었을 때, 그분은 빙긋이 웃으며 내게 이렇게 말했다.

"네, 오늘 말씀도 잘 들었습니다. 그런데 선생님, 제 생각에는…… 전에 그냥 잘 들어주실 때가 더 좋았던 것 같아요. 그때가 더 나았어요."

뒤통수를 세게 얻어맞은 기분이었다. 그때 누군가가 내 얼굴을 보았다면, 당황한 기색을 감출 수 없는 그런 얼굴이었을 것이다. 적잖이 놀랐지만, 마음을 추스르고 용기를 내 그분에게 솔직한 심정을 전했다. 조금 놀랐지만 이렇게 말씀해주셔서 감사하다, 그동안 드린 말씀이 크게 도움이 안 됐을 수도 있겠다, 내가 무리한 것 같다 이런 이야기들을 했다. 그분은 괜찮다고 했다. 편안한 얼굴이었다. 내 부족함을 인정했더니 나도 편안해졌다. 그후로도 그분과는 1년 넘게 만나며 여러 이야기를 나누었다.

잘 듣는 것으로 충분할 때가 많다. 잘 듣는다는 건, 비판이나 충고, 판단이나 평가를 멈추는 것이다. 계몽하려는 의지를 내려놓는 것이다. 설교가 소용없다는 사실을 깊이 깨닫는 것이다. 시의적절한 해석은 꼭 필요하지만, 성급해선 안 된다. 상대의 말을 잘 듣고 거울처럼 그 마음을 비춰주는 게 우선이다. 부모 역할도 마찬가지다.

아이들이 이른 아침부터 종이접기를 하자고 했다. 전날 늦게 자서 피곤하고 힘든 아침이었다. 깨자마자 종이접기라니, 살짝 짜증이 났다. 아이들에게 무얼 만들고 싶은지 물었다. 아이들이 종이접기 책을 가져오더니 하나씩 만들고 싶은 걸 찾아 가리켰다. 하성이는 '표창'을 원했고, 하준이는 '아파토사우루스'를 골랐다.

아이들도 조금씩 돕긴 했지만, 대부분 나 혼자 만들었다. 아이들 손끝이 아직 여물지 못해서 좀 어려운 종이접기는 거의 내 손을 탔다. 하준이가 원한 '아파토사우루스'는 색종이 3장으로 만드는 것이었다. 머리 몸통 꼬리 각각을 접고 그 셋을 이어붙이면 됐다. 그리 어렵지 않아 금세 만들었다. 하성이가 고른 '표창'은 색종이 2장으로 접는 것이었는데 방향이 헷갈려서 처음에 좀 헤맸다. 하준이 것보다 시간이 조금 더 걸렸다. 그래도 어쨌거나 아침 먹기 전, 2개의 종이접기를 완성했다. 할 일을 한 듯 뿌듯한 기분이었다.

밥 먹으러 오라고 부르는 소리가 들렸다. 아이들과 같이 식탁으로 가려는데 갑자기 하성이가 안 가겠다고 했다. 종이접기를 더 하자는 것이었다. 하성이는 4개를 만들고 싶다고 했다. 기가 찼다. '아침부터 무슨 종이접기를 4개씩이나' 하는 생각이 먼저 들었다. 단칼에 거절했다. 아이는 한사코 더 하자고 떼를 부렸다. 시계의 시침은 어느덧 8시를 향해 가고 있었다. 그때쯤엔 아침을 먹기 시작해야 여유가 있다.

"안 돼. 밥 먹을 시간이야." 몇 번 더 안 된다고 선을 긋자 아이가 보채다 "앙" 하고 울기 시작했다. 이해가 가지 않았다. 이 정도 일 가지고 울다니. 속으로 '울보, 떼쟁이!' 소리가 절로 나왔다.

조금 더 풀어서 얘기해봤다. "지금 종이접기를 하면 유치원 버스 탈 때까지 시간이 얼마 없을지도 몰라. 아빠는 네가 밥을

못 먹을까봐 걱정 돼.” 나름대로 신경써서 ‘나–메시지’로 말해 본 것이었다. 효과는 영 신통치가 않았다. 아이 마음을 돌리기엔 역부족이었다.

“네가 그렇게 우니까 아빠도 슬프다.” 이건 내가 생각해도 좀 가식적인 말이었다. 그렇게 슬픈 표정도 아니었을 것이다. 연기력의 부족을 절감했다. 답답한 마음이 커져갔다. 아이는 이제 대놓고 엉엉 울기 시작했다. “안 되겠다. 둘 중 하나를 선택해. 밥 먹고 종이접기 할래, 아니면 밥도 안 먹고 종이접기도 안 할래?”

전혀 먹혀들지 않았다. 안타깝지만 어쩔 수 없었다. 우리집에서 이 정도로 떼를 부리면 ‘타임아웃’이다. 아이를 안고 방으로 들어갔다. 네가 너무 크게 울어서 안 되겠다고, 울음을 그치면 나와서 식탁으로 오라고 말했다. 아이는 안방에서 몇 분간 서럽게 울었다. 아이의 울음이 그치길 기다리는데 마음이 편치 않았다.

다시 방으로 들어갔다. 우는 아이를 보고 있자니 조금 안쓰러운 생각도 들었다. 잠시 아이 입장에서 생각해봤다. ‘내가 아이라면 지금 무슨 생각을 하고 있을까’ 하고 마음에 그려보는데, 문득 하나의 문장이 머리를 스쳐갔다.

“혹시 밥을 먼저 먹으면 시간이 없어서 종이접기를 못 할까봐 걱정한 거니?”

이 말을 듣는 순간 아이는 울음을 그쳤다. 여전히 표정은 뽀로통하고 훌쩍거림은 남아 있었지만 울음이 쏙 들어갔다. 들어맞은 느낌이었다. 방금 전 말을 곱씹어보니, 내 마음보다 아이의 마음을 더 헤아린 말이었다. 그다음은 아이를 달래는 게 그리 어렵지 않았다. 밥 먹고 남는 시간에 만들 수 있을 거라고, 쉬운 것으로 정하면 4개도 만들 수 있다고 안심을 시켰다.

그런데 이번엔 아이가 고개를 가로저었다.

“아빠, 그게 아니야.”

“왜? 빨리 하면 얼마든지 4개도 만들 수 있을 것 같은데?”

“아니, 4개를 만드는 게 아니라…… 색종이 4개로 만들고 싶은 게 있다고……”

색종이 4개? 그제야 아이의 말이 이해가 됐다. 아이가 아직 사물을 세는 단위에 익숙하지가 않아서, 색종이 넉 장을 4개라고 잘못 말한 것이었다. 아이는 색종이 넉 장으로 만든 표창이 갖고 싶다고 했다. “그러면 하나만 만들면 되는 거네?” 아이는 힘차게 고개를 끄덕였다. 아이 얼굴에 생기가 돌았다.

하성이가 그릇을 제일 빨리 비웠다. 아이는 밥을 다 먹고 종이접기 책이 놓인 곳으로 가서 ‘색종이 넉 장으로 표창 만들기’ 페이지를 펼쳐놓고 앉아 있었다. 뚝딱 만들어서 아이에게 건네

줬다. 아이는 완성된 표창을 들고 뿌듯해했다. 엄마에게 달려가 보여주고는 자기 보관상자에 고이 넣어두었다.

『부모 역할 훈련』
토머스 고든 지음, 이훈구 옮김, 양철북, 2002

아이라고 왜 모를까. 느끼지만 말로 다 표현 못 하는 답답함이 아이에게 있다. 그런 아이를 보는 부모도 속이 타기는 마찬가지다. 그 마음을 안다면 어떻게든 도와주고 싶은데, 그게 생각만큼 쉽지가 않다. 어른이 아이 생각 속으로 들어가기란, 낙타가 바늘귀를 통과하는 것만큼이나 어려운 일인지도 모르겠다. 그만큼 아이와의 소통이 쉽지 않다.

"아빠, 어렸을 때 어떤 여자애가 좋았어?"

토머스 고든Thomas Gordon의 『부모 역할 훈련』에 나오는 예다. 고든의 딸이 중학생이었을 때 아침 식탁에서 고든에게 이런 질문을 던졌다고 한다. 아이는 무엇이 궁금했던 것일까. 아빠의 어린 시절 이성관? 아빠의 여자친구? 고든 역시 이 질문을 받고 처음에는 별생각 없이 자신의 어릴 적 이야기를 하려 했다고 말한다. 하지만 고든은 달랐다. 한발 물러나 아이 입장에서 생각해보고는 정신을 차리고 아이에게 이렇게 물었다.

"남자애들이 너를 좋아하게 하려면 어떻게 해야 할까 궁금해하는 것 같은데, 맞니?"

"응, 남자애들이 날 별로 안 좋아하는 것 같은데, 왜 그러는지 모르겠어."

이 부분을 읽은 내 솔직한 심정은, '부모가 무슨 족집게 도사도 아닌 다음에야, 아이 마음을 어떻게 이렇게 잘 알아채지?'였다. 보통의 부모가 할 수 없는 일을 요구하는 것 같았다. 아이가 보내는 메시지를 해독하여 그 속마음까지 읽어내기란 무척이나 어려운 일이다. 부모 자신의 마음에 여유가 있어야 하고, 아이의 생각을 아이 입장에서 헤아리는 연습을 꾸준히 해야 한다. 최근 아이의 관심사를 잘 알고 있어야 함은 물론이다. 결코 쉬운 일이 아니다. 하지만 고든은 어떤 부모라도 지속적인 관심을 가지고 훈련하면 배울 수 있는 일이라고 말한다.

아이 마음을 어떻게 알 수 있을까?

대개의 부모는 사실상 이런 훈련을 받지 못한 채 부모로서의 삶을 시작한다. 매년 수십만의 아기가 태어나고 또 그만큼의 새내기 부모가 탄생하지만, 아이 마음을 해독하는 훈련을 마치고 부모가 되는 사람은 어디에도 없다. 육아는 이미 실전이다. 하면서 배워나가는 수밖에 없다. 부모가 되는 데는 별다른 훈련이 필요 없지만, 괜찮은 부모가 되는 데는 꾸준한 연습이 필요하다.

토머스 고든의 『부모 역할 훈련』은 이런 연습을 시작하기에 적합한 교재다. 고든의 프로그램은 훈련 중심 부모 교육의 원조다. 고든은 1962년부터 부모 교육을 시작했는데, 이 책을 쓸 당시 이미 150만 명이 넘는 부모들이 고든의 교육 프로그램에 참여했다고 한다. 고든은 이 책에서 자신의 오랜 교육 경험을 바탕으로, 가족 간에 이루어지는 대화가 어때야 하는지 매우 구체적으로 이야기하고 있다. 『부모 역할 훈련』은 대화와 타협의 교과서, 일종의 모범답안이라 말할 수 있다.

『부모 역할 훈련』은 매우 체계적으로 쓰여 있다. 변증법 교재로 써도 좋을 만큼 탄탄한 논리를 바탕으로 한다. 책의 구조만 봐도 그렇다. 핵심 내용은 크게 세 부분으로 되어 있다. 부모는, 첫째 비판하지 않고 듣는 기술, 둘째 기분을 솔직하게 전달하는 기술, 셋째 윈－윈으로 타협하는 기술을 배워야 한다. 듣고, 표현하고, 타협하는 기술을 익혀야 하는 것이다. 고든은 이들 각 각에 이름도 붙여놓았다. 적극적 듣기Active Listening, 나 메시지 I-Message, 무패 방법No Lose Method이 바로 그것이다. 책을 통틀 어 이 셋은 정반합의 구조로 묶여 있다.

적극적 듣기

부모가 먼저 배워야 할 것은 듣기다. 유능한 상담가는 문제를 분석하는 데 능한 사람이 아니다. 공감 능력이 뛰어난 사람이 다. 자신을 찾아온 사람에게 '이 사람은 나를 비난하지 않고 내 얘기를 잘 들어주는구나, 내가 받아들여지고 있구나' 하는 믿음 을 준다. 해석은 그다음이다. 부모의 역할도 마찬가지다. 아이 가 답답해하는 상황이라면 아이의 말에 공감하며 듣는 게 최선 이다. 부모가 아이의 감정을 받아내며 지지하는 짧은 순간, 아 이는 성장한다. 잘 들어주기만 해도, 아이 스스로 제 마음의 어 려움을 헤쳐나갈 수 있다.

먼저, 잠시나마 아이에게 온전히 집중할 수 있어야 한다. 주 의를 분산하지 않고 눈과 귀의 모든 감각을 동원해야 한다. 정 신없이 바쁜 일상 속에서 결코 쉬운 일은 아니지만, 조금 더 마 음을 열고 아이의 말을 듣고자 노력해야 한다. 그래야 아이도 부모의 말에 주목한다. 몸을 낮춰 아이 말에 귀를 기울이고, 미소와 맞장구로 대꾸하는 게 시작이다. 부모 역할의 기본은, 아이의 표현을 잘 받아주는 것이다. 탁구에 비유하자면 '공이 땅에 떨어지지 않게' 잘 받아넘길 수 있어야 한다.

다음으로, 아이의 말을 요약해서 아이에게 다시 들려주는 게 도움이 된다. 자기 마음을 미리 다 알고 말을 시작하는 사람은 없다. 말하는 과정에서 생각을 정리하기도 하고, 몰랐던 부분을 더 깊이 이해하게 되기도 한다. 상대가 어떻게 받아주느냐에 따라, 할 수 있는 말의 성질과 종류가 달라진다. 부모 역할도 마찬가지다. 아이가 하는 말의 의미가 명료해질 때까지 부모가 곁에서 질문하고 요약하여 다시 들려주는 일을 반복하다보면, 아이는 어느새 자신의 생각과 느낌을 이전보다 더 잘 이해할 수 있게 된다. 이 과정에서 생각하는 훈련도 이루어지는 것은 물론이다.

마지막으로, 부모는 아이의 말과 행동을 전체적으로 깊이 생각하면서 그 말 뒤에 숨은 감정과 메시지를 읽어내기 위해 노력해야 한다. 달래거나 윽박질러서라도 칭얼대지 않게 하는 게 중요한 게 아니다. 아이의 생각과 느낌을 진정으로 받아들이는 마음이 중요하다. 아이는 자기가 어떤 생각을 하는지, 얼마나 기분이 좋지 않은지, 부모가 알아주기를 바란다. 잠시 아이가 되었다고 상상하면서 아이의 마음을 직관적으로 이해해보는 연습을 하다보면, 아이가 가진 어려움에 한발 더 다가설 수 있을 것이다. 그래야 아이 입장에서, 아이의 말로 그 마음을 읽어줄 수 있다.

고든은 적극적 듣기를 기계적으로 사용하는 건 별로 좋지 않다고 말한다. 부모가 원하는 대로 무작정 아이를 이끌기 위한 목적이라면 아이는 금세 그 속셈을 알아챈다. 이럴 때 사용하는 적극적 듣기는 일종의 '끼워 팔기'가 되고 만다. 아이 말만 앵무새처럼 반복하는 것도 바람직하지 않다. "그렇구나"가 무슨 대단한 마법의 표현은 아니다. 이 말만 흉내 낸다고 아이가 제 속내를 드러내진 않는다는 말이다. 자칫하면 아이 성질만 돋우게 된다. 지나치게 자주 적극적 듣기를 남발하는 것도 좋지 않다. 아이가 자기 마음을 전혀 이야기하고 싶지 않을 때도 있다. 그때는 그 마음을 존중해주어야 한다. 시간이 별로 없는 걸 빤히 아는데 부모가 갑자기 적극적 듣기를 시도하면, 아이는 부모가 '치고 빠지는' 식으로 넘어가려 한다고 느낄 수도 있다. 아이는 내용만이 아니라 형식도 본다. 말보다 말을 전하는 태도까지 본다. 시늉만으로는 곤란하다.

듣기는 단순하지만 어렵다. 우리는 침묵으로도 듣고, 표정과 몸짓으로도 듣는다. 듣기는 정적이기보다 매우 동적인 활동이다. 적극적으로 듣는다는 건, 잘 듣는 데 머무르지 않고 듣고 있음을 상대에게 잘 알리는 것까지 포함한다. 몸으로 듣고, 몸이 귀가 된 것처럼 듣고, 내가 네가 된 것처럼 듣는 것, 잘 듣는다는 건 이렇게 어려운 일이다.

나-메시지

부모도 감정이 있다. 아이를 키우다보면 아이의 행동을 받아들이기 어려운 순간이 수도 없이 많다. 이럴 때는 부모도 자기 목소리를 내야 한다. 가만 있다가는 감정이 쌓이고 쌓여서 언제 폭발할지 모르는 상태가 되고 만다. 아이가 부모를 힘들게 할 때 부모는 어떻게 자신의 감정을 보여줄 수 있을까. 어떻게 하면 아이에게 솔직하게 다가가면서도 상처는 덜 줄 수 있을까. 문제를 일으킨 건 '너'지만 불편한 건 '나'일 때, 어떻게 지혜롭게 전해야 사이가 틀어지지 않을까. 날마다 부딪히는 문제이면서도 막상 닥치면 늘 쉽지가 않다.

고든은 책에서 예를 하나 들고 있다. 친구가 집에 놀러왔는데 무심코 새로 산 식탁 의자에 발을 올려놓았다고 하자. 이런 상황이라면 집주인은 대개 어떻게 반응할까.

"당장 의자에서 발 내려놓지 못해?" "새로 산 의자에 발을 올려놓으면 안 되지." "발 내려놓지 않으면 가만 안 둬." 친한 친구에게 대놓고 이렇게 말할 사람은 아마 없을 것이다. 아무리

편한 사이라도 대개는 최소한의 예의를 갖추고 말한다. "미안하지만 그 의자 산 지 얼마 안 된 거라서, 때가 탈까봐 조심하고 있어." 이 정도로 말해도 친구는 알아듣는다. 알아들을 것으로 믿고 이렇게 말한다. '너-메시지'와 '나-메시지'의 차이가 이와 같다.

너-메시지의 예

"이것들아, 거실이 이게 뭐니? 엄마가 어지르지 말라고 했어 안 했어? 얼른 치워!"

너-메시지는 부모가 아이 행동에 직접 개입해 수정하려는 것을 말한다. 부모도 참다못해 아이의 행동을 질책한 것이지만, 아이는 순간 자존심이 상한다. 제 잘못을 모르는 건 아니지만 딱히 일부러 그런 것도 아니기에 억울한 마음이 앞선다. 자기에게도 자존심이 있고 힘이 있다는 걸 보여주고 싶은 마음이 불쑥불쑥 솟아오른다. 그 마음을 간직하고 있다가, 다음번 비슷한 상황이 오면 아이는 반항하거나 일부러 억지를 부려보기도 한다. 너-메시지는 아이의 문제행동을 잠시 멈추게 할 수 있을 뿐 고치지는 못한다. 어김없이 문제가 반복되고, 때론 더 심각한 문제를 야기하기도 한다.

나-메시지의 예

"거실을 깨끗이 치워놓았는데 금방 다시 이렇게 어질러놓으면, 엄마는 정말 기운이 쏙 빠져. 힘들게 다시 치워야 하잖아."

나-메시지는 반대다. 직접 문제를 지적하며 해결책을 제시하기보다, 부모의 감정을 전함으로써 간접적으로 행동을 바꾸도록 유도한다. 부모의 힘든 점을 설명하는 것만으로도 아이에게 부모가 처해 있는 어려움을 전할 수 있다. 책에서는 나-메시지를 세 부분으로 나눠 말해보도록 권한다. 첫째, 받아들일 수 없는 행동을 설명하고 둘째, 부모의 감정을 이야기한 다음 마지막으로, 아이의 행동이 부모에게 미치는 영향을 설명하라는 것이다. 앞의 예에서 보듯 집이 어질러져 있다는 사실 그 자체를 기술하고, 엄마의 감정을 솔직하게 이야기한 다음, 그로 인한 결과까지 알려주면 된다.

나-메시지는 행동을 고칠 책임을 아이에게 위임하는 것이다. 아이에게는 감정만 전하고 어떻게 행동할지는 아이에게 맡기는 것이다. 너-메시지에 비해 아이의 저항이나 반발을 불러일으킬 위험성이 현저히 낮다. 부모 역시 나-메시지를 통해 더 인간적인 사람이 될 기회를 얻는다. 많은 부모가 자신의 진솔한 감정은 수면 아래 억누른 채 너-메시지로 아이들을 옭아매는 경향이 있다. 좀더 마음을 열고 꾸밈없이 아이를 대한다면 부모와 아이 사이는 지금보다 더 좋아질 수 있을 것이다. 아이 역시 감정이 억눌린 부모의 모습보다는 있는 그대로의 부모를 만나고 싶어한다. 서로 터놓고 솔직해져야 아이도 현실감 있는 인간적인 부모를 만날 수 있다.

나-메시지로 말할 때는 주의할 점이 몇 가지 있다. 먼저, 지나치게 부정적인 감정은 강조하지 않는 게 좋다. 강한 부정적 감정은 그 자체로 너-메시지가 되기 쉽기 때문이다. 특히 분노는 직접 사람을 향하기 쉽다는 점을 기억해야 한다. 화가 치민다면 바로 '화났다'고 표현하기보다 그 밑에 어떤 감정이 깔려 있는지 차분히 살펴볼 필요가 있다. 실망하거나 놀랐거나 걱정이 되었다면 화 이전에 그런 감정을 우선적으로 표현해보는 것이 좋다.

솔직한 게 좋다고 해서 부모가 아이에게 자신의 감정을 마음껏 분출시켜도 된다는 말은 아니다. 아이는 부모에 비해 연약한 그릇이다. 상처 나기도 쉽고 자칫하면 깨질 수도 있다. 나-메시지는 되도록 진지하게 담담한 어조로 표현하는 게 좋다. 감정은 거칠어도 거친 말투보다는 차분한 말씨로 전하는 게 더 효과적이다.

무패 방법

부모는 아이와 타협할 수 있어야 한다. 타협은 물러서는 게 아니다. 무조건 내 쪽으로 이끌어 나만 유리하게 만드는 것도 아니다. 한쪽이 지고 한쪽만 이기는 상황이 되고 나면, 어김없이 새로운 갈등이 만들어지곤 한다. 갈등이나 문제가 있을 때, 되도록이면 여러 해결방안을 다양하게 떠올린 다음, 같이 고민하여 양쪽 모두에게 만족스러운 해결책을 도출하는 게 가장 좋다. 고든은 이를 무패 방법이라 부른다. 흔히들 '윈-윈 전략'이라 부르는 방법과 일맥상통한다.

아이가 어릴 때는 아무래도 부모가 좀더 강한 의견을 앞세워 아이를 이끌어갈 수 있다. 하지만 아이가 조금만 자라도 아이에게는 자기만의 견해가 생기게 된다. 초등학교 고학년만 되어도 아이들 고유의 취향과 가치관을 확인할 수 있다. 이를 무시하고서는, 아이와 함께 문제를 풀어갈 수가 없다. 아이를 같이 의논할 대상으로 전혀 생각하지 않다가, 어느 날 갑자기 아이와 진지하게 협상하는 관계로 발전할 순 없다. 늦어도 아이가 초등학교 5학년이 되기 전, 아이와 함께 규칙을 만들고 갈등을 조정하는 경험을 충분히 하는 게 좋다. 그보다 늦으면, 막상 아이에게 사춘기가 왔을 때 아이와의 힘겨루기가 심각해지는 경우가 많다.

아이와 민주적인 방식으로 소통한다는 것

적극적 듣기, 나-메시지, 무패 방법은 비단 아이와의 관계에만 통용되는 방법은 아니다. 인간관계 전반을 관통하는 원리라 볼 수 있다. 영향을 끼치되 강제하지 않아야 한다. 자신 있게 제안하되 우아하게 물러날 줄도 알아야 한다. 받아들일지 말지는 상대에게 맡겨야 한다.

맥락 없이 가르치려고만 들면 '꼰대'가 되기 십상이다. 경험이 많다고 자기 생각을 '강매'하려 하면 잡상인 취급을 받게 된다. 부모도 예외는 아니다. 이와 반대로, 부모가 사려 깊은 상담가 역할을 하고, 아이에게 인간적으로 다가가며, 아이와 동등한 자격으로 협상 테이블에 앉을 때, 아이는 오래도록 부모를 사랑하고 존경할 것이다.

고든의 방식이 지나치게 이상주의적이라는 지적도 있다. 고든은 가정 내에서 힘이 사용되는 방식에 깊은 우려를 표한다. 더 평등한 입장에서, 더 철저하게 민주적인 대화를 연습해야 한다고 보는 것이다. 하지만 고든은 부모와 자녀 사이에 엄연히 존재하는 차이들마저 부정하려는 모습을 보일 때가 간혹 있다. 아이를 동등한 인격체로 대해야 한다는 전제는 맞지만 현실에서는 부모가 가지고 있는 힘을 적절히 사용해야 할 때도 종종 있다. 때로는 부모가 주도권을 가지고 선택의 가짓수를 제한하거나 아이가 잘못된 선택을 할 때 이에 대해 엄하게 책임을 물을 필요도 있다. 적극적 듣기, 나-메시지, 무패 방법이 적당하지 않은 상황도 얼마든지 있을 수 있는 것이다. 부모가 필요한 때 사용할 수 있도록 이런 대화법을 잘 연습해둔다는 정도의 의미로 받아들이면 좋겠다. 고든의 프로그램 역시 부모 교육의 다양한 형태 중 하나일 뿐이다.

대한민국에서 아이를 키운다는 것

이 책을 쓰기 시작한 계기는 이렇다. 그동안 공부해온 것들을 정리해서 육아서를 한 권 써보려고 했는데 아무래도 조금 허전한 느낌이 들었다. 대개의 육아서는 부모들에게 전하는 교훈적인 이야기들을 담고 있다. 다 좋은 말들이고 마음에 새겨 실천하면 분명 효과를 볼 수 있다. 하지만 현실에서는 그렇게 해보기가 쉽지 않다.

부모들의 이야기를 들어보면, 어디서부터 시작해야 할지 막막할 때가 많다고 했다. 그 이유로는 여러 가지가 있겠지만 실전을 담은 책이 턱없이 부족한 것도 원인 중 하나였다. 육아서

들을 살펴보면 가르침은 많아도 '그 말대로 해보니 정말 그렇더라' 또는 '실제로 해봤더니 책과 다르더라'는 경험담은 많지 않다. 멘토는 흔하지만, 멘토의 교훈을 실천해봤다는 예는 드문 것이다.

육아서와 실제 부모들의 삶 사이의 간격을 메울 수 있는 책이 필요하다는 생각을 하게 됐다. 일상을 살아가는 부모가 육아서를 읽고 깨달아가는 장면, 그리고 그렇게 얻은 깨달음을 바탕으로 직접 실천해보는 순간들을 담은 책을 써봐야겠다고 마음먹었다. 그런데 여기에는 한 가지 문제가 있었으니, 그건 다름 아닌 바로 내 육아를 써야 한다는 사실이었다.

육아에 관한 에피소드를 적는 건 역시나 어려운 일이었다. 누구나 그렇겠지만, 우리 일상이라는 게 그리 대단한 게 아니다. 일상은 오히려 이야깃거리와는 거리가 먼 사소한 일들로 채워져 있다. 연예인들이 텔레비전에 나와 보여주는 육아 예능과는 확연히 다르다. 육아 예능은 어디까지나 리얼리티 프로그램이지 리얼리티 그 자체가 아니다. 정교한 설정과 편집으로 뒷받침된 연극 같은 것이다. 그에 비해 실제 육아는 간혹 반짝거리는 기쁨의 순간들은 있어도 전반적으로 봤을 때 그리 큰 재미는 없다. 육아는 결코 낭만적인 게 아니다. 육아의 현실을 채우는 건 실상 고단한 잡일들이다.

최민석 작가가 『시사IN』과의 인터뷰에서 이런 말을 했다. "에
세이를 쓰려면 글을 쓰기 이전에 삶을 써야 한다." 맞는 말이다.
글이 될 만한 삶을 살아나가는 게 더 힘든 일이다. 이 책을 쓴
4~5개월 동안 나와 우리 가족은 글을 쓰기 위해 삶을 써야 했
고, 삶을 쓰기 위해 일상을 더 소중하게 가꿔나가야 했다. 때론
억지스럽다는 생각이 들 때도 있었지만, 그게 유익하다는 걸 깨
달은 건 나중이었다.

책을 쓰는 동안 과연 우리집은 어떻게 달라졌을까. 무엇보
다 큰 변화는 아이들의 잠자는 시간이 최소 2시간은 빨라진 것
이었다. 밤 10시가 넘어도 말똥말똥하던 아이들이 지금은 저녁
7시 반이면 잔다. 5시 반에 밥을 먹고, 6시 반부터 책을 읽어주
고, 7시엔 불을 꺼서 7시 반이면 자는 사이클이 완전히 정착됐
다. 퇴근한 내가 우리집 현관을 들어설 때쯤이면 집은 이미 평
정이 되어 있다. 부부가 좀더 여유로운 저녁 시간을 보낼 수 있
게 되었음은 물론이다. 아이 잠 문제로 고생해본 부모라면 이게
얼마나 큰 변화인지 공감할 수 있을 것이다.

아이들의 발달 과정을 바라보는 마음에도 전보다 더 여유가
생겼다. 아이와 어떻게 놀아주어야 할지, 어떻게 격려하고 훈
육하고 처벌할 것인지에 대해서도 좀더 잘 알게 되었다. 행
동 수정의 구체적인 방법과 과정을 숙달한 것도 큰 소득이었

다. 부끄러운 얘기지만, 이전에는 행동 수정을 다소 유치한 방법으로 생각해 폄하해온 게 사실이었다. 하지만 실제로 경험해보니 문제행동을 다루는 데 이보다 더 효과적인 방법이 없었다. 아이들의 변화가 속속 나타나는 게 여간 재미있는 게 아니었다. 전반적으로 우리 부부는 이 책을 쓰며 우리가 하고 있는 육아에 더 큰 자신감을 갖게 됐다. 부모로서 한 뼘 더 자라는 계기가 된 것이다.

하지만 동시에 여러 한계를 느껴온 것도 사실이다. 지쳐 있을 때 아이가 심한 떼를 부리면 여전히 마음의 평정을 잃곤 한다. "그만해!"라는 소리가 나도 모르게 튀어나올 때도 있다. '나-메시지'로 말하는 데도 익숙하지 않고 아이 마음을 읽어주는 데도 여전히 서툴다. 아이들과 노는 것 역시 재미있기보다는 업무의 연장 같을 때가 많다. 부모인 우리 스스로를 냉정히 돌아본다면 우리의 육아는 여전히 결함투성이라고밖에 말할 수 없다.

그래서 이렇게 결론을 내릴 수도 있겠다. 이 책이 책 읽기로 육아가 바뀔 수 있는지를 검증해본 일종의 보고서라고 한다면, 그 결과는 절반의 성공이라고.

육아의 질은 사회의 의식 수준을 반영한다

책에서 배운 육아를 성공시키기 힘든 이유가 부모 자신에게

만 있는 건 아니다. 육아를 하다보면 자기 본모습이 나온다고 하는데, 이것도 따지고 보면 사회문화적으로 체화된 것이 나오는 것이다. 부모 자신이 민주적인 육아, 아이를 충분히 존중하는 교육을 많이 경험해보지 못했기 때문에 책만 읽고는 좋은 육아를 머릿속에 그려내기가 힘든 경우가 많다. 사랑을 받아봐야 사랑을 줄 수 있고, 존중도 받아봐야 다른 사람을 존중할 수 있다. 이런 관점에서 본다면, 육아의 질은 그 사회의 의식 수준을 반영한다고도 말할 수 있다.

서구의 육아는 민주주의의 역사와 궤를 같이하며 발전해왔다. 개인에 대한 존중, 인권 의식의 향상, 수평적인 리더십의 발전이 육아에도 그대로 반영되어온 것이다. 소위 '육아 고전'이라고 부를 만한 책들 역시 그 바탕에는 사람을 중시하는 인본주의와 자율과 책임의 균형을 강조하는 민주주의가 깔려 있다.

우리는 어떤가. 우리나라는 대표적으로 집단주의 성향이 강한 나라에 속한다. 우리 사회에서 개인의 가치는 그리 높지 않다. 개인보다는 집단을, 독립성보다는 상호의존성을 우위에 두는 경향이 있다. 체면을 중시하고 다른 사람들 눈에 어떻게 비칠까 전전긍긍한다. 이런 문화에서 '나'의 욕구와 가치는 종종 '우리'의 요구 앞에 묻혀버리곤 한다.

'나-메시지'가 잘 안 되는 이유도 여기에 있다. 아이가 사람

많은 데서 울고불고 떼를 쓸 때 "엄마는 이렇게 생각해. 이렇게 느껴"라고 말하는 경우는 흔치 않다. 그보다는 "네가 그렇게 행동하면 사람들이 어떻게 볼까" "아이, 창피해"라고 말한다. 이는 '나-메시지'도 '너-메시지'도 아닌 '우리-메시지'에 가깝다. 두 사람 사이에서 이뤄지는 대화인데도 타인들의 시선을 염두에 두고 흘러가는 것이다.

자존감도 마찬가지다. 2000년대 후반 이후 육아서들에는 거의 빠짐없이 아이의 자존감을 키우기 위한 방법들이 등장한다. 하지만 가만 생각해보면 자존감, 회복탄력성, 긍정심리학 같은 개념들은 기본적으로 '나'가 '우리'로부터 어느 정도는 분리가 잘 되는 문화권에서 나온 것들이다. 우리와는 배경 자체가 다르다. 우리 문화권에서는 사실 아주 낮지만 않다면 적당히 낮은 자존감은 사회생활에 오히려 득이 된다. 능력은 출중한데 자존감이 약간 낮으면 (또는 낮아 보이면) 그건 그것대로 매력이 된다. 사람을 뽑을 때도 너무 튀지 않고 성실한 사람을 선호하는 경향이 있다. 서양은 반대다. 동일한 능력을 가지고 있다면 자존감이 높아 보이는 게 낫다.

아이의 속마음, 부모의 속마음

부모는 이제 헷갈리기 시작한다. '아이의 자존감이 높은 게 낫나, 아니면 약간 낮은 게 낫나.' 사실 이 문제는 아이의 자존감만 들여다봐서는 해결할 수가 없다. 아이를 자율적이고 자존감 높은 아이로 키우고 싶다면, 부모 자신이 우리 사회의 지배적인 가치인 집단주의적 사고방식으로부터 얼마나 자유로운지를 돌아볼 수 있어야 한다. 부모의 자존감이 높아야 한다는 말도 이런 맥락에서 이해해야 답이 나온다. 부모 스스로 '나는 왜 자존감이 낮을까'를 고민해서 해결될 문제가 아니라는 말이다.

요새 아이들은 자존감이 높지 않느냐고도 하지만 속을 들여다보면 꼭 그렇지도 않다. 아이들의 자존감이 높아 보이고 쉽게 남을 무시하는 것 같아 보여도 내면에는 정작 깊은 모멸감이 숨겨져 있는 경우가 많다. 일본의 교육학자 하야미즈 도시히코速水敏彦는 『그들은 왜 남을 무시하는가』에서 자신을 긍정하는 데 실패한 아이들이 타인을 경시함으로써 '가상적 유능감'을 유지하려 한다고 말한 바 있다. 아이들이 보여주는 강한 자의식의 뒷면에는 어른들의 폭력적인 시선을 내면화한 수치심이 자리잡고 있다는 지적이었다.

자기가 아주 평범하다 해도 다른 사람을 경멸적인 시선으로 내려다볼 수 있으면 자신감 비슷한 것을 느낄 수는 있다. 하지만 이는 가상의 유능감일 뿐이다. 아이들은 어쩌면 있지도 않은 자존감을 유지하기 위해 무의식적으로 '자기보다 아래'의 존재를 찾아 헤매고 있는 것인지도 모른다. 이는 우리에게도 낯선 얘기가 아니다. 우리 아이들의 속마음, 그리고 어른들 안에 감춰진 내면아이의 모습에서도 수치와 모멸의 흔적을 찾아보기는 어렵지 않다. 부모나 아이나 자존감이 높아지는 경험을 자주 하기보다는 수치심을 느끼며 살아온 시간들이 더 많기 때문이다.

우리 사회에서 자존감 문제는 점점 더 개인이 풀 수 있는 문제가 아니라는 생각을 하게 된다. 자존감이 낮은 걸 개인의 문제로 치부하는 건 가난은 모두 자기 책임이라 말하는 것과 같다. 낮은 자존감 역시 일종의 구조적 문제인 것이다.

이제 육아는 우리 세대의 몫으로 남겨졌다. 구조적인 문제는 함께 극복해나갈 수밖에 없다. 내 생각은 이렇다. 우리 세대는 아이들을 더 존중하고, 수치심을 자극하기보다는 더 자주 우리 아이들에게 '괜찮다' '충분하다'는 말을 많이 해주며 키우면 좋겠다. 지나치게 높은 기대로 아이들을 압박하지 말고, 남과 세밀하게 비교하지 말고, 단계를 밟아 하나씩 이뤄가는 법을 배우게 하면 좋겠다. 부모인 우리 자신에게도 같은 말을 해주어야 한다. 이만하면 괜찮게 해왔다고, 충분하다고, 우리 앞에 주어진 일을 한 번에 하나씩 잘해나가면 된다고. 이것이 아이도 살고 부모인 우리도 같이 사는 길이다.

'따로 또 같이'라는 균형감

결국 나와 내 아이들이 품었으면 하는 생각에는 크게 두 가지가 있다. 하나는 '혼자서도 할 수 있어'이고, 다른 하나는 '나는 혼자가 아니야'다.

'혼자서도 할 수 있어'는 나와 내 아이들이 자율적인 능력과 건강한 자존감을 키워 얼마든지 혼자서라도 이 세상을 헤쳐나갈 수 있는 힘을 가졌으면 하는 마음에서 하는 말이다. 다른 누군가의 시선을 의식하기보다는 자기 자신의 인생을 개척해나갈 수 있었으면 좋겠다.

하지만 한편으로는, 아이에게 '너는 혼자가 아니야'라고도 말해주고 싶다. 힘들 때면 언제라도 부모든 다른 누구든 찾아가 같이 대화하며 문제를 풀어갈 수 있기를 바란다. 세상은 다른 사람들과 함께 살아가는 곳이라는 사실도 아이가 놓치지 말았으면 하는 바람이다.

'따로'와 '같이', 이 둘은 서로 배타적인 게 아니다. 삶은 결국 이 둘 사이에서 균형을 잡으며 함께 나아가는 것이다. 육아도 마찬가지다. 자율과 책임이 다 중요하다. 공감과 훈육 중 어느 한쪽을 포기해서도 안 된다. 흔들릴 때도 있겠지만 아예 한쪽으로 치우쳐서는 곤란하다. 육아는 양날개로 겨우 균형을 잡으며 아이와 함께 날아오르는 것이다.

부모가 되는 시간
ⓒ김성찬 2014

1판 1쇄 발행　2014년 11월 24일
1판 4쇄 발행　2016년　1월 15일

지은이 김성찬 | 펴낸이 염현숙
기획 김소영 형소진 | 책임편집 박영신 | 편집 황은주
디자인 엄자영 | 마케팅 정민호 이연실 정현민 김도윤 양서연
홍보 김희숙 김상만 한수진 이천희
제작 강신은 김동욱 임현식 | 제작처 한영문화사

펴낸곳 (주)문학동네
출판등록 1993년 10월 22일 제406-2003-000045호
주소 10881 경기도 파주시 회동길 210
전자우편 editor@munhak.com | 대표전화 031)955-8888 | 팩스 031)955-8855
문의전화 031)955-1933(마케팅) 031)955-2697(편집)
문학동네카페 http://cafe.naver.com/mhdn | 트위터 @munhakdongne

ISBN 978-89-546-2645-3 13590

* 이 책의 판권은 지은이와 문학동네에 있습니다.
　이 책 내용의 전부 또는 일부를 재사용하려면 반드시 양측의 서면 동의를 받아야 합니다.
* 이 도서의 국립중앙도서관 출판예정도서목록(CIP)은 서지정보유통지원시스템 홈페이지
　(http://seoji.nl.go.kr)와 국가자료공동목록시스템(http://www.nl.go.kr/kolisnet)에서
　이용하실 수 있습니다.(CIP제어번호: CIP2014032494)

www.munhak.com